工程衛士
建設管家

王早生

二〇二二年八月十六日

2024中国建设监理与咨询

——监理质量控制与项目管理

组织编写　　中国建设监理协会

中国建筑工业出版社

图书在版编目（CIP）数据

2024中国建设监理与咨询．监理质量控制与项目管理／中国建设监理协会组织编写．—北京：中国建筑工业出版社，2024.6
ISBN 978-7-112-29891-4

Ⅰ．①2… Ⅱ．①中… Ⅲ．①建筑工程－监理工作－研究－中国 Ⅳ．①TU712.2

中国国家版本馆CIP数据核字（2024）第106211号

责任编辑：陈小娟　焦　阳
文字编辑：汪箫仪
责任校对：王　烨

2024中国建设监理与咨询
——监理质量控制与项目管理
组织编写　中国建设监理协会
*
中国建筑工业出版社出版、发行（北京海淀三里河路9号）
各地新华书店、建筑书店经销
北京雅盈中佳图文设计公司制版
天津裕同印刷有限公司印刷
*
开本：880毫米×1230毫米　1/16　印张：$7^1/_2$　字数：300千字
2024年6月第一版　2024年6月第一次印刷
定价：35.00元
ISBN 978-7-112-29891-4
（43022）

如有内容及印装质量问题，请与本社读者服务中心联系
电话：（010）58337283　QQ：2885381756
（地址：北京海淀三里河路9号中国建筑工业出版社604室　邮政编码：100037）

目录 CONTENTS

中国建设监理协会副会长兼秘书长李明安一行赴贵州省建设监理协会座谈交流

2024 年 4 月 10 日，中国建设监理协会副会长兼秘书长李明安、行业发展部主任孙璐赴贵州省建设监理协会专题调研行业自律工作开展情况。贵州省建设监理协会会长胡涛，常务副会长兼秘书长王伟星，协会自律委员会主任、专家委员会主任、名誉会长杨国华，顾问汤斌及多位副会长、常务理事、理事等参加调研座谈会，并由胡涛会长主持。

李明安副会长兼秘书长简单介绍了中国建设监理协会 2024 年工作要点及此次调研的目的，并充分肯定了贵州省建设监理协会近年来取得的成绩，对贵州省建设监理协会长期以来对中监协工作的大力支持表示感谢。强调行业自律是推动监理行业健康发展的重要手段，做好行业自律可提升行业的形象和信誉，为监理人员和企业创造更加稳定的市场环境，推动监理行业高质量发展。

胡涛会长对李明安副会长兼秘书长一行的到来表示热烈欢迎，希望借此机会，加强与中国建设监理协会的联系。常务副会长兼秘书长王伟星对贵州省监理行业现状和协会 2024 年工作计划作了简要说明。协会名誉会长、顾问杨国华详细介绍了协会开展行业自律工作情况。协会自律委员会主任、部分参会的会员企业负责人也就当前企业面临的问题、困难、行业热点作了发言。

双方还就行业宣传、课题研究、诚信建设等方面进行了深入交流。

中国建设监理协会信用评价工作研讨会在上海顺利召开

2024 年 4 月 19 日，中国建设监理协会信用评价工作研讨会在上海召开。中国建设监理协会副会长兼秘书长李明安出席会议。

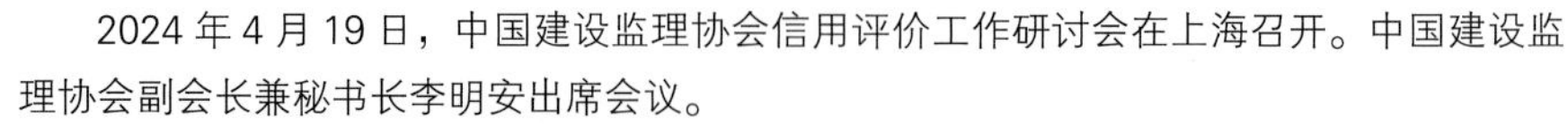

会议邀请了中国建设监理协会原副会长兼秘书长王学军，上海市建设工程咨询行业协会顾问会长孙占国、秘书长徐逢治，北京市建设监理协会秘书长李伟，山东省建设监理与咨询协会会长陈文，贵州省建设监理协会名誉会长杨国华，吉林省建设监理协会副会长兼秘书长安玉华，河南省建设监理协会秘书长耿春及行业专家龚花强、张强、魏园方、敖永杰、何珊参加座谈交流。会议由联络部主任杨漫欣主持。

李明安副会长兼秘书长强调了会员信用评价工作的重要性，并对本次信用评价工作研讨会提出了要求和建议。协会原秘书长王学军也对会员信用评价工作提出了建议。

在研讨会上，课题组成员魏园方对课题成果的修改情况进行了汇报。与会专家听完课题组的汇报，详细审阅了相关材料，针对各项内容提出了质询和讨论，形成了统一意见。

李明安副会长兼秘书长作会议总结，对各位专家的辛勤付出及上海市建设工程咨询行业协会给予会议的大力支持表示感谢。他强调，诚信建设是一项长期的任务，要加强行业信用体系建设，引导单位会员诚信经营，促进监理行业自律和诚信建设，激励和营造诚实守信的行业氛围，树立行业形象，助力监理行业高质量发展。

北京市建设监理协会第七届二次理事会议召开

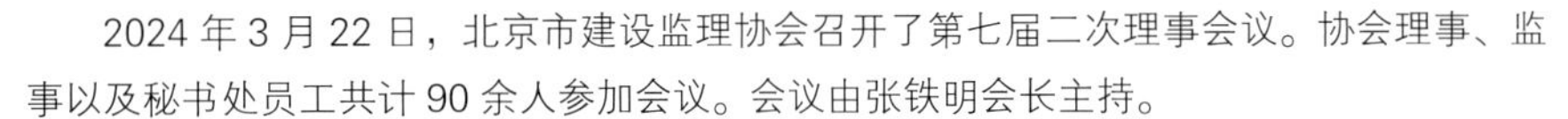

2024 年 3 月 22 日，北京市建设监理协会召开了第七届二次理事会议。协会理事、监事以及秘书处员工共计 90 余人参加会议。会议由张铁明会长主持。

李伟秘书长汇报了 2023 年协会工作成效及 2024 年工作计划，提出了 2024 年协会工作重点和对行业发展方向的思考。

高玉亭副会长汇报了协会副会长、常务理事、理事人员的调整变更情况，李艳副会长汇报了协会关于发展单位会员的情况，曹雪松副会长汇报了协会新制定的五项管理制度，李孟副秘书长汇报了协会 2023 年及 2024 年的财务预算。

名誉会长杨宗谦宣读了中共北京市社会事业领域行业协会联合委员会关于张铁明同志任市监理协会流动党支部书记、石晴同志任市监理协会流动党支部副书记的批复文件。

（北京市建设监理协会　供稿）

广东省建设监理协会第六届一次常务理事会在东莞顺利召开

2024 年 4 月 19 日，广东省建设监理协会第六届一次常务理事会在东莞顺利召开，协会会长、副会长、常务理事、监事代表和秘书处人员共 71 人参加会议。会议由副秘书长许冰纯主持。

会议审议通过了《广东省建设监理协会 2023 年工作总结暨 2024 年工作计划》《关于广州建筑工程监理有限公司等 10 家单位变更协会第六届理事代表的议案》《关于聘任黄鸿钦同志为第六届协会秘书处秘书长的议案》《关于聘任许冰纯同志为第六届协会秘书处副秘书长的议案》《关于聘任方向辉、肖学红同志为第六届协会顾问的议案》《广东省建设监理协会财务管理办法（修订稿）》《广东省建设监理协会工作人员绩效考核管理办法（修订稿）》《关于调整协会会费减免标准的议案》《关于协会会员管理信息平台重建的方案》。

（广东省建设监理协会　供稿）

浙江省全过程工程咨询与监理管理协会五届五次理事会在杭州召开

2024 年 4 月 25 日，浙江省全过程工程咨询与监理管理协会五届五次理事会在杭州召开，协会会长、副会长、（常务）理事，专家委员会代表共 179 人参加会议。

会上还宣读了《关于成立协会专家委员会的通知》。周坚会长为王建民等专家委员会代表发放聘书。会议一致通过《2023 年度工作报告》《2023 年度财务报告》《入、退会及其他审议事项》。

会议邀请杭州市建设工程质量安全监督总站茹瑞春科长对住宅工程质量潜在缺陷保险试点相关政策进行宣贯；浙江建设职业技术学院工程造价学院党总支书记曹仪民以及相关教师介绍浙江省建设工程咨询与监理行业联合学院工作情况，如“三支队伍建设”的员工培训、科研、产学合作育人项目以及无人机应用技术培训与比赛等。

（浙江省全过程工程咨询与监理管理协会　供稿）

内蒙古自治区工程建设协会二届四次理事会会议顺利召开

2024 年 4 月 19 日，内蒙古自治区工程建设协会二届四次理事会会议在呼和浩特市召开，240 名理事参加会议，出席人数符合法定人数。会议由工程建设协会秘书长田普主持。

自治区住房和城乡建设厅建筑市场监管处处长张光峰、工程质量安全监管处副处长宝力群，工程建设协会会长徐俊平，常务副会长杨金光、王瑞、李学敏、邬堂利，工程建设协会副会长、赤峰市建筑业协会会长李国栋，工程建设协会副会长、巴彦淖尔市建筑业协会会长刘虎林，内蒙古自治区建筑业协会秘书长杨晓刚，内蒙古自治区勘察设计协会秘书长李俊奎，呼和浩特市建筑业协会秘书长李为革，赤峰市建筑业协会常务副会长兼秘书长王俊祥，巴彦淖尔市建筑业协会秘书长甄宝和出席会议。

大会审议通过工程建设协会《2023 年工作报告》《2023 年财务情况报告》《内蒙古自治区工程建设协会第二届理事会拟升降级理事单位名单》等事项。

（内蒙古自治区工程建设协会　供稿）

新疆建设监理协会第一届三次理事会会议顺利召开

2024 年 4 月 26 日，新疆建设监理协会第一届三次理事会在乌鲁木齐市召开。新疆维吾尔自治区住房和城乡建设厅工程质量安全监管处侯睿副处长莅临会议，协会会长、副会长、理事及秘书处共计 55 人参加会议，监事列席会议，会议由任杰会长主持。

田集伟秘书长汇报 2024 年协会工作要点和 2024 年工作计划，并做了 2023 年度监理行业发展报告。

会议审议通过了《关于变更副会长代表的报告》《关于发展单位会员的报告》《关于行业自律实施细则条款修订及自律委员会 2024 年工作计划》并通报 2024 年一季度违反自律公约企业的惩戒。

协会领导分别为自律委员会主任及技术专家委员会主任颁发了聘书。田集伟秘书长宣读协会倡议书，呼吁会员单位积极参与乡村振兴相关活动。理事就监理行业遇到的问题与挑战，提出建议和意见。

会议由协会党支部书记、协会监事赵建生同志传达《自治区住房和城乡建设厅关于加强党建引领行业协学会高质量发展实施方案（试行）》。

（新疆建设监理协会　供稿）

携手共建为创新社会管理贡献力量的新型社会组织——渝豫两省市建设监理协会工作交流会在郑州召开

2024 年 4 月 18 日，重庆市建设监理协会和河南省建设监理协会在郑州开展协会工作交流。重庆市建设监理协会副秘书长史红，河南省建设监理协会会长孙惠民、秘书长耿春出席交流活动，渝豫两省市协会秘书处的同志参加了座谈交流。

此次交流聚焦党建工作、行业自律与诚信建设、业务培训、会员服务、内部管理等为主题，旨在通过相互学习，共同提升行业服务水平，推动行业健康发展。

（河南省建设监理协会　供稿）

监理风采　春季绽放——河南省建设监理行业第五届运动会成功举办

为进一步活跃全省建设监理行业文化生活，激励和动员河南监理人开拓进取、攻坚克难，充分展示监理行业团结向上、敢于拼搏的行业风尚，2024 年 4 月 27 日，河南省建设监理协会在郑州举办了河南省建设监理行业第五届运动会。49 家河南工程监理企业的近 500 名运动员积极报名参赛。

此次运动会由河南省建设监理协会主办，河南宏业建设管理股份有限公司、河南晟源路桥工程管理有限公司协办。协会常务副会长兼秘书长耿春致开幕词，河南宏业建设管理公司总经理张飞代表承办单位致辞。协会部分副会长、副秘书长出席开幕式。

此次运动会设男子 800m、400m、200m 赛跑，女子 400m、200m 短跑，男子 4×100m 接力赛、女子 4×100m 接力赛、男女混合 4×100m 接力赛，以及男子、女子跳远等 10 个比赛项目。

（河南省建设监理协会　供稿）

河北省《建设工程监理资料编制与管理指南》开题论证会顺利召开

2024 年 4 月 25 日上午，由河北中原工程项目管理有限公司主编，河北理工工程管理咨询有限公司、河北广德工程监理有限公司、河北裕华工程项目管理有限责任公司、河北冀科工程项目管理有限公司等参编的河北省《建设工程监理资料编制与管理指南》（以下简称“指南”）开题论证会在河北省建筑市场发展研究会会议室召开。河北省建筑市场发展研究会会长倪文国、秘书长穆彩霞出席会议，开题论证专家李路坤、王振国、冯建杰、韩胜磊、吴爱峥、宋志红、于海生，指南编制组主要成员徐荣香、宋曙光、宋俊岭、李玲玲、邵永民、乔冠兵、李佳 7 人共同参加会议。会议由河北省建筑市场发展研究会穆彩霞秘书长主持。

会上，编制组有关人员围绕工程监理资料编制与管理相关标准情况、指南立项的必要性、目的和意义、主要研究内容、研究方法、工作进度安排、研究团队构成等方面进行详细汇报。

开题论证专家认真审阅了相关开题论证资料，经质询、论证，专家委员会认为，该指南申报材料基本齐全，依据充分，符合开题要求；一致同意通过指南的开题论证，并对其名称、目录等相关内容提出意见和建议。

（河北省建筑市场发展研究会　供稿）

河南省建设监理协会青年经营管理者工作委员会春日健步走活动圆满举行

在五四青年节即将到来之际，2024 年 4 月 28 日上午，河南省建设监理协会青年经营管理者工作委员会组织的春日健步走活动在风景如画的龙子湖公园隆重举行，青年委 20 余名委员参加活动。

此次活动旨在进一步弘扬五四精神，推动健康文明生活方式的普及，同时增强青年经营管理者的团队凝聚力和向心力，促进行业间的深入交流与合作。活动以“挺膺时代担当，接力行业使命——为工程监理行业长远发展奉献青春力量”为主题，积极宣传低碳环保理念，展现了新时代青年监理人的责任与担当。

（河南省建设监理协会　供稿）

聚焦项目抓党建　抓好党建促履职——河南省建设监理协会党支部联合开展微型党课进项目监理机构活动

2024 年 4 月 9 日上午，在郑州湖城印象项目部，河南省建设监理协会党支部和河南海华工程建设管理有限公司党支部联合开展了微型党课进项目监理机构活动。协会党支部书记、会长孙惠民出席活动并为大家上党课，党支部副书记、秘书长耿春主持活动，海华管理公司党支部书记、董事长闫军，受邀专家、协会秘书处及海华监理公司相关工作人员参加活动。

此次活动以“聚焦项目抓党建 抓好党建促履职”为主题，旨在进一步加强协会党组织与会员单位党组织的双向交流，扩大党建工作的覆盖面，探索在项目监理机构层面上党的基层组织建设的新方式，促进项目监理机构履职尽责。

（河南省建设监理协会　供稿）

“传承中华文明典藏　学习岭南建筑文化”
——广东省建设监理协会党支部等5个党组织联合开展主题党日活动暨反腐倡廉座谈会

2024 年 4 月 18 日下午，广东省住房城乡建设厅建筑市场监管处党支部、广东省建设监理协会党支部、广东省工程勘察设计协会党支部、广东省工程造价协会党支部与华南理工大学建筑设计研究院有限公司党委 5 个党组织共 30 余人赴中国国家版本馆广州分馆，联合开展“传承中华文明典藏　学习岭南建筑文化”——主题党日活动暨反腐倡廉座谈会。省住房城乡建设厅建筑市场监管处党支部书记、副处长王丹受邀出席活动，协会党支部书记、副秘书长许冰纯、秘书长黄鸿钦以及党支部党员代表参加了联建活动。

党员同志们重点参观了广州国家版本馆“千秋写印，华夏有章——中华版本发展概览”“红色印记，映照初心——红色广东专题版本展”“互鉴千年，融通未来——海上丝绸之路专题版本展”等常设展览。

在反腐倡廉座谈会上，全体党员认真学习了《中国共产党纪律处分条例》《广东省住房和城乡建设厅关于全省性住房城乡建设领域社会组织管理办法（试行）》《中共广东省委办公厅广东省人民政府办公厅关于清理优化创建示范和评比表彰活动的通知》《广东省民政厅关于开展清理全省性社会组织评比表彰活动的通知》等文件精神，传达了上级部门有关要求，强调党员干部要廉洁从业，规范开展相关活动，严守党的纪律和规矩，守住底线、不越红线。

（广东省建设监理协会　供稿）

协同并进　实现高效发展——重庆市建设监理协会到访北京市建设监理协会

2024 年 4 月 11 日，重庆市建设监理协会副秘书长史红及工作人员冉周芹一行两人到访北京市建设监理协会。北京市建设监理协会会长张铁明、秘书长李伟、监事长潘自强、副秘书长李孟出席座谈交流会议。会议由北京市建设监理协会会长张铁明主持。

参会领导围绕行业协会自身发展、制度建设、行业培训、会员服务、法律咨询等方面进行了深入交流与探讨。

（北京市建设监理协会　供稿）

上海市建设工程咨询行业协会承接的2024年度上海市住宅修缮工程文明工地创评工作全面启动|本年度首次文明工地观摩会暨评审会顺利召开

日前，2024年度上海市住宅修缮工程文明工地创评工作全面启动。受上海市住宅建设发展中心（上海市住宅修缮工程质量事务中心）委托，今年由上海市建设工程咨询行业协会继续承接此项工作。在本年度创评活动初期，协会根据市住宅中心（修缮中心）要求，于2024年4月17日上午，配合市住宅中心（修缮中心）会同金山区修缮管理部门组织了本年度首次文明工地观摩会暨评审会。协会代表、部分区修缮管理部门、项目参建单位以及业内专家等40余人参加。

本次观摩会暨评审会的召开旨在加强优秀历史文化传承，推动本市修缮行业对历史建筑保护和管理方面的创新与实践，提升行业安全生产文明施工管理水平。观摩评审项目为金山区枫泾镇修缮的金山区枫泾镇生产街70号、油车弄2号等优秀历史建筑修缮项目。该项目于2015年8月被列入上海市第五批优秀历史建筑。项目实施过程中，因科学规范的施工工艺和“修旧如旧”的施工成果得到了各方好评，并获得了上海市新闻媒体的积极宣传。

会上，设计单位与施工单位分别介绍了项目的设计要点与修缮改造的基本情况，并在后续现场观摩过程中，同与会各方交流了现场修缮施工的特点和难点，展示了文明工地创建的亮点。在评审过程中，专家对该项目给予了高度评价，认为项目在保护历史建筑的同时，充分展现了安全文明施工的新标准。此外，项目注重人员培训与安全教育，营造了浓厚的安全文化氛围，为上海市历史保护建筑的安全文明施工树立了典范。

（上海市建设工程咨询行业协会　供稿）

津豫两地建设监理行业开展交流活动

2024年4月28日—4月29日，天津建设监理行业自律委员会主任委员许梦博一行6人到河南开展交流活动。天津建设监理行业自律委员会副主任委员石嵬、王剑，委员谭晓宇，天津市建设监理协会办公室主任段琳，天津华北工程管理有限公司总经理助理秦英华，河南省建设监理协会常务副会长兼秘书长耿春等出席交流活动，津豫两地建设监理行业有关领导、专家学者、协会秘书处有关负责同志等参加交流活动。

交流活动中，双方一致认为，行业协会要始终坚持党的领导，保持正确的政治方向。要找准自身定位，切实扛起“服务国家、服务社会、服务行业、服务群众”的责任，树好形象，发挥作用，在中国式现代化新征程中建功立业。双方就新发展阶段下行业自律工作的法律政策风险、自律工作突出问题、下一步工作思路及建议等进行了探讨。

双方表示，此次交流活动的开展，不仅为津豫两地的监理行业搭建了一个宝贵的交流互动平台，也为推动监理行业的创新发展注入了新的活力。希望今后建立长效沟通交流机制，经常性地开展沟通联系、互动交流，相互吸取经验，取长补短，深化两地建设监理行业的友谊，共同推进两地建设监理行业持续健康高质量发展。

（河南省建设监理协会　供稿）

山西省建设监理协会举办会员线上公益培训活动

为竭诚服务单位会员和个人会员，提高各会员单位建设工程监理资料管理的标准化、规范化，满足相关从业人员提升自身业务水平的培训需求，2024 年 4 月 11 日和 4 月 18 日，协会举办了《建设工程施工全过程监理资料专题》和《建设工程监理资料重难点解析》两期线上公益培训活动。

培训内容包括：建设工程监理相关知识、工作策划阶段资料管理、施工阶段资料管理、竣工阶段资料管理、监理资料归档管理、监理资料归档及移交、监理资料需特别注意事项等。

部分会员企业组织公司人员集中线下学习，分管领导对整个培训内容的关键点进行了详尽的梳理与总结，并逐一列举加以强调，有的企业领导结合自身实践经验，系统诠释了监理工作及方法，以经验交流的方式演绎、固化，极大地加强了参培人员的理解，并加深了记忆。

（山西省建设监理协会　供稿）

行企同心　向信而行——宁波监理行业开展2024年诚信宣传周活动

在宁波市迎来首个“全民诚信宣传周”之际，市建设监理与招投标咨询行业协会秘书处召开了相关活动布置会，就如何组织会员企业开展诚信宣传工作进行了详细部署。

协会发布了《宁波市建设监理行业守信践诺倡议书》。

企业通过组织专题培训、深入学习条例、诚信案例分析、悬挂宣传横幅、网站公众号推送、知识竞赛比拼、信用知识进一线等多种形式，在舆论宣传、教育引导、实践养成和制度保障等方面出实招，从源头推进信用法治意识的普及，不断扩大“全民诚信”活动的覆盖面和影响力，全力营造以“诚”尽责、以“信”促质的良好氛围，从而赋能工程建设高质量发展。

（宁波市建设监理与招投标咨询行业协会　供稿）

全国工程监理行业发展大会（2024）在北京召开

2024年6月18—19日，由中国建设监理协会联合中国交通建设监理协会、中国水利工程协会和中国铁道工程建设协会共同主办的"全国工程监理行业发展大会（2024）"在北京隆重召开。

本次大会围绕"新质生产力赋能工程监理行业高质量发展"主题进行交流研讨。来自住房城乡建设部、交通运输部、水利部、中国国家铁路集团有限公司等领导，中国工程院院士、高校教授、中国工程监理大师等行业专家，各省、自治区、直辖市监理协会代表，有关行业专委会、分支机构及新闻媒体等代表参会，会议现场参会人数600余人，同时，会议通过视频直播在线观看22万余人次。

出席大会的领导和嘉宾有：住房城乡建设部总工程师江小群，住房城乡建设部建筑市场监管司副司长王天祥，交通运输部安全总监蔡团结，中国国家铁路集团有限公司副总经理王同军，原铁道部常务副部长、中国工程院院士孙永福，十四届全国政协常委、交通运输部原副部长、中国民航总局原局长冯正霖，原铁道部副部长、中国工程院院士卢春房，重庆大学原校长、中国工程院院士周绪红，华中科技大学原校长、中国工程院院士丁烈云，中国工程院院士彭苏萍、缪昌文、陈湘生、岳清瑞、徐建、张喜刚、朱合华、杜修力、刘加平、曾滨等，中国建设监理协会会长王早生，中国交通建设监理协会理事长崔玉萍，中国水利工程协会副会长赵存厚。

住房城乡建设部总工程师江小群代表住房城乡建设部对大会的召开表示祝贺，希望监理行业勇当先锋，深化改革，适应高质量发展要求，坚守保障工程质量安全、为社会提供高品质建筑产品的初心，履职尽责，提升服务品质，实现工程监理价值。

交通运输部安全总监蔡团结代表交通运输部对大会的召开表示祝贺，希望监理行业深化改革，以质图强，向新发力，为加快建设交通强国、当好中国式现代化开路先锋贡献监理力量。

中国国家铁路集团有限公司副总经理王同军围绕铁路工程建设，对监理行业提出了要求和希望，指出监理行业要不断融入新发展理念，探索基于现代化技术手段的监理新模式，以数字化、信息化技术应用赋能，促进监理业务智能化转型。

大会开幕式由中国建设监理协会副会长兼秘书长李明安主持。

开幕式后，中国工程院院士卢春房、周绪红、丁烈云、彭苏萍、陈湘生、朱合华、刘加平等7位院士和清华大学教授方东平、同济大学教授乐云、北京交通大学教授刘伊生等3位教授分别作了主旨报告。会议聚焦工程监理、项目管理、全过程工程咨询、数字技术、人工智能、智能建造、工程质量与安全等热点、难点问题进行交流研讨，为工程监理行业的高质量发展提供了新思路、新动能。

大会主论坛分别由中国建设监理协会副会长兼秘书长李明安，中国建设监理协会副会长、北京交通大学教授刘伊生，中国交通建设监理协会理事长崔玉萍主持。

大会还设置了平行分论坛。6 月 19 日上午，由四个直辖市协会承办的两个分论坛同时召开，为参会人员提供了更加丰富的交流和学习平台。

平行分论坛一以“聚焦质量安全 履行监理职责”为主题，中国工程监理大师、中国建设监理协会副会长兼秘书长李明安，中国建筑科学研究院检测中心总工程师陶里，湖南大学教授陈大川，北京城建科技促进会理事长周与诚，北京市建设监理协会秘书长李伟等行业专家分别作专题报告。北京市建设监理协会会长张铁明主持。

平行分论坛二以“数智技术赋能工程监理”为主题，华中科技大学教授、俄罗斯工程院外籍院士骆汉宾，清华大学教授陆新征，同济大学教授李永奎，上海同济咨询公司信息化咨询部总经理李轩，重庆赛迪工程咨询有限公司副总经理肖鑫等行业专家分别作专题报告。上海市建设工程咨询行业协会会长夏冰主持。

此次全国工程监理行业发展大会的成功召开，为工程监理行业的创新发展注入了新活力，形成了新质生产力赋能工程监理行业高质量发展新共识。相信在全体监理从业人员的共同努力下，工程监理行业将迎来更加美好的明天。

2024年3月12日—3月29日公布的工程建设标准

序号	标准编号	标准名称	发布日期	实施日期
国标				
1	GB/T 51033—2024	《水利泵站施工及验收标准》	2024/3/12	2024/8/1
2	GB/T 51453—2024	《薄膜陶瓷基板工厂设计标准》	2024/3/12	2024/8/1
3	GB/T 51458—2024	《气象设施工程术语标准》	2024/3/12	2024/8/1
4	GB/T 50262—2024	《铁路工程术语标准》	2024/3/12	2024/8/1
5	GB/T 50034—2024	《建筑照明设计标准》	2024/3/12	2024/8/1
6	GB/T 51461—2024	《农业工程术语标准》	2024/3/13	2024/8/1
行标				
1	JGJ/T 498—2024	《施工现场建筑垃圾减量化技术标准》	2024/3/29	2024/8/1
2	CJJ/T 30—2024	《粪便处理厂运行维护及其安全技术标准》	2024/3/29	2024/8/1
3	CJJ/T 64—2024	《粪便处理厂技术标准》	2024/3/29	2024/8/1
4	JG/T 216—2024	《小单元建筑幕墙》	2024/3/29	2024/8/1

住房城乡建设部关于修改《建设工程消防设计审查验收工作细则》并印发建设工程消防验收备案凭证、告知承诺文书式样的通知

建科规〔2024〕3号

各省、自治区住房城乡建设厅，直辖市住房城乡建设（管）委、北京市规划自然资源委，新疆生产建设兵团住房城乡建设局：

住房城乡建设部决定修改《建设工程消防设计审查验收工作细则》（以下简称“《工作细则》”）并印发建设工程消防验收备案凭证、告知承诺文书式样，现就有关事项通知如下。

一、将《工作细则》第八条修改为：具有《暂行规定》第十七条情形之一的特殊建设工程，提交的特殊消防设计技术资料应当包括下列内容：

（一）特殊消防设计文件，包括：

1. 特殊消防设计必要性论证报告。属于《暂行规定》第十七条第一款第一项情形的，应当说明国家工程建设消防技术标准没有规定的设计内容和理由；属于《暂行规定》第十七条第一款第二项情形的，应当说明需采用的新技术、新工艺、新材料不符合国家工程建设消防技术标准规定的内容和理由；属于《暂行规定》第十七条第一款第三项情形的，应当说明历史建筑的保护要求，历史文化街区保护规划中规定的核心保护范围、建设控制地带保护要求等，确实无法满足国家工程建设消防技术标准要求的内容和理由。

2. 特殊消防设计方案。应当提交两种以上方案的综合分析比选报告，特殊消防设计方案说明，以及涉及国家工程建设消防技术标准没有规定的，采用新技术、新工艺、新材料的，或者历史建

筑、历史文化街区保护利用不满足国家工程建设消防技术标准要求等内容的消防设计图纸。

提交的两种以上方案综合分析比选报告，应当包含两种以上能够满足施工需要、设计深度一致的设计方案，并从安全性、经济性、可实施性等方面进行逐项比对，比对结果清晰明确，综合分析后形成特殊消防设计方案。

3. 火灾数值模拟分析验证报告。火灾数值模拟分析应当如实反映工程场地、环境条件、建筑空间特性和使用人员特性，科学设定火灾场景和模拟参数，真实模拟火灾发生发展、烟气运动、建筑结构受火、消防系统运行和人员疏散情况，评估不同使用场景下消防设计实效和人员疏散保障能力，论证特殊消防设计方案的合理可行性。

4. 实体试验验证报告。属于《暂行规定》第十七条且是重大工程、火灾危险等级高的特殊建设工程，特殊消防设计文件应当包括实体试验验证内容。实体试验应当与实际场景相符，验证特殊消防设计方案的可行性和可靠性，评估火灾对建筑物、使用人员、外部环境的影响，试验结果应当客观真实。

（二）两个以上有关的应用实例。属于《暂行规定》第十七条第一款情形的，应提交涉及国家工程建设消防技术标准没有规定的内容，在国内或国外类似工程应用情况的报告。属于《暂行规定》第十七条第一款第二项情形的，应提交采用新技术、新工艺、新材料在国内或国外类似工程应用情况的报告或中试（生产）试验研究情况报告等；属于《暂行规定》第十七条第一款第三项情形的，应提交国内或者国外历史文化街区、历史建筑保护利用类似工程情况报告。

（三）属于《暂行规定》第十七条第一款第二项情形的，采用新技术、新工艺的，应提交新技术、新工艺的说明；采用新材料的，应提交产品说明，包括新材料的产品标准文本（包括性能参数等）。

（四）特殊消防设计涉及采用国际标准或者境外工程建设消防技术标准的，应提交设计采用的国际标准、境外工程建设消防技术标准相应的中文文本。

（五）属于《暂行规定》第十七条第一款情形的，建筑高度大于250米的建筑，除上述四项以外，还应当说明在国家工程建设消防技术标准的基础上，所采取的切实增强建筑火灾时自防自救能力的加强性消防设计措施。包括：建筑构件耐火性能、外部平面布局、内部平面布置、安全疏散和避难、防火构造、建筑保温和外墙装饰防火性能、自动消防设施及灭火救援设施的配置及其可靠性、消防给水、消防电源及配电、建筑电气防火等内容。

二、将《工作细则》第九条第二款修改为“专家评审应当针对特殊消防设计技术资料进行讨论，评审专家应当独立出具同意或者不同意的评审意见。讨论应当包括下列内容：

（一）设计超出或者不符合国家工程建设消防技术标准的理由是否充分。

（二）设计需采用新技术、新工艺、新材料的理由是否充分，运用是否准确，是否具备应用可行性等。

（三）因保护利用历史建筑、历史文化街区需要，确实无法满足国家工程建设消防技术标准要求的理由是否充分。

（四）特殊消防设计方案是否包含对两种以上方案的比选过程，是否是从安全性、经济性、可实施性等方面进行综合分析后形成，是否不低于现行国家工程建设消防技术标准要求的同等消防安全水平，方案是否可行。

（五）重大工程、火灾危险等级高的特殊消防设计技术文件中是否包括实体试验验证内容。

（六）火灾数值模拟的火灾场景和模拟参数设定是否科学。应当进行实体试验的，实体试验内容是否与实际场景相符。火灾数值模拟分析结论和实体试验结论是否一致。

（七）属于《暂行规定》第十七条第一款情形的，建筑高度大于250米的建筑，讨论内容除上述六项以外，还应当讨论采取的加强性消防设计措施是否可行、可靠和合理。

三、将《工作细则》第十条第一款第五项修改为“专家评审意见的结论，结论应明确为同意或不同意，特殊消防设计技术资料经3/4以上评审专家同意即为评审通过，评审结论为同意”。

四、删去《工作细则》第十一条。

五、将《工作细则》第十三条改为第十二条，第二项修改为：“除具有《暂行规定》第十七条情形之一的特殊建设工程，消防设计文件内容符合国家工程建设消防技术标准强制性条文规定。”

第三项修改为“除具有《暂行规定》第十七条情形之一的特殊建设工程，消防设计文件内容符合国家工程建设消防技术标准中带有‘严禁’‘必须’‘应’‘不应’‘不得’要求的非强制性条文规定”。

六、将《工作细则》第十八条改为第十七条，第一款中的“国家工程建设消防技术标准”修改为“经审查合格的消防设计文件”。

将第二款第十八项修改为“经审

查合格的消防设计文件中包含的其他国家工程建设消防技术标准强制性条文规定的项目，以及带有‘严禁’‘必须’‘应’‘不应’‘不得’要求的非强制性条文规定的项目”。

七、将《工作细则》第二十条改为第十九条，删去第二项。

八、增加一条，作为《工作细则》第二十条："属于省、自治区、直辖市人民政府住房和城乡建设主管部门公布的其他建设工程分类管理目录清单中一般项目的，可以采用告知承诺制的方式申请备案。

"省、自治区、直辖市人民政府住房和城乡建设主管部门应当公布告知承诺的内容要求，包括建设工程设计和施工时间、国家工程建设消防技术标准的执行情况、竣工验收消防查验情况以及需要履行的法律责任等。"

九、在《工作细则》第二十一条增加一款，作为第二款："建设单位采用告知承诺制的方式申请备案的，消防设计审查验收主管部门收到建设单位提交的消防验收备案表信息完整、告知承诺书符合要求，应当依据承诺书出具备案凭证。"

十、将《工作细则》第二十二条修改为："消防设计审查验收主管部门应当对申请备案的重点项目适当提高抽取比例，具体由省、自治区、直辖市人民政府住房和城乡建设主管部门制定。"

十一、将《工作细则》第二十三条第二款修改为"备案抽查的现场检查应当依据涉及消防的建设工程竣工图纸、国家工程建设消防技术标准和建设工程消防验收现场评定有关规定进行"。

十二、将《工作细则》第二十六条修改为"建设工程消防设计审查、消防验收、备案和抽查的档案内容较多时可立分册并集中存放，其中图纸可用电子档案的形式保存，并按照有关规定移交。建设工程消防设计审查、消防验收、备案和抽查的原始技术资料应长期保存"。

十三、将《建设工程消防验收备案/不予备案凭证》文书式样修改为《建设工程消防验收备案（告知）凭证》文书式样。

十四、新增《建设工程消防验收备案告知承诺书》文书式样，并附后行政机关告知内容。

此外，对相关条文序号作相应调整。

本通知自公布之日起施行。《工作细则》根据本通知作相应修改，重新发布。

附件：1. 建设工程消防设计审查验收工作细则

2. 建设工程消防验收备案（告知）凭证

3. 建设工程消防验收备案告知承诺书

住房城乡建设部
2024 年 4 月 8 日
（此件公开发布）

浅谈 IDC 数据中心建设中装修工程质量监理要点

刘清生
北京方圆工程监理有限公司

摘　要：在IDC数据中心建设中，装饰装修工程不仅关乎建筑的美观，更直接影响数据中心的安全与稳定。由于数据中心的特殊性质，这一环节不仅需要满足一般建筑装饰装修的标准，还需要考虑到防尘、防静电、防电磁辐射和抗干扰、防水、防雷、防火、防潮、防鼠等方面的要求。本文将从施工准备和施工两个阶段，通过对IDC项目建设前期装修的过程控制，明确监理工作着力点，笔者结合相关理论、所监理项目专项施工方案及工程实践案例等，探讨IDC数据中心建设中装饰装修工程监理的控制要点。

关键词：数据中心建设；IDC机房；装饰装修；监理控制要点

一、工程基本情况

项目位于某市经济技术开发区产业基地 3 号楼，总建筑面积为 $6335.33m^2$，地上 4 层，总建筑高度为 19.95m，一层层高 6m，二、三层层高均为 4.5m，四层层高 3.9m。监理范围包括拆除加固工程、装饰装修工程、电气集成工程、暖通工程、消防工程、环控工程、BA 工程、柴油发电机安装工程、蓄电池监控、第三方测试及甲乙供设备等所有工程相关施工监理任务。本次施工为 3 号楼拆除原所有建筑设施，只保留整体框架进行数据中心改造，共建设 980 台机柜。本文从项目施工前期开始，浅谈监理在实施装修工程监理质量控制要点，为后续工程各专业施工做好坚实基础。

IDC 机房建设过程中装饰装修作为必不可少的分部工程，看似在数据中心建设中属于弱项分部，却起着承上启下的作用，装修环节质量把控好，后续机电安装环节就可以避免很多返工。

二、施工准备阶段监理要点

（一）审查装饰装修专项施工方案

对施工方案进行审查是施工准备阶段的重要环节，主要包括以下几个方面：①工程概况；②施工节点图，原始平面图，设备间、功能间等的位置图；③主要原材料、设备的性能技术指标、规格、型号等及保管存放措施；④施工工艺流程及各专业施工时间计划；⑤施工、安装质量控制措施及验收标准，包括地面施工，吊顶及顶棚施工，防静电活动地板安装，隔墙填充层、面层施工质量，材料复试，隐蔽前、后综合检查，防水及试验，竣工验收等；⑥施工进度计划、劳动力计划；⑦安全、环保、节能技术措施等。

（二）施工样板

根据 IDC 数据中心施工特点及要求，要求施工单位根据实施计划进行样板施工，并保留施工过程中的影像资料。样板制作完成后，由监理单位、施工单位共同对样板进行评估，包括材料效果、施工工序的正确性、隐蔽验收及表观质量是否合格、下道工序衔接情况，以及是否需要对样板进行优化、修改或重做等。此外，监理单位还需组织样板工程的验收工作，并提出验收意见报建设单位批准。

由监理单位组织样板工程验收工作，提出验收意见报建设单位批准。

（三）交底工作

在装饰装修施工前，监理单位需组织监理人员和施工单位管理人员进行施工质量管控交底，并确保有记录可查。交底内容包括装饰装修工程的施工特点、质量要求、安全要求、材料和设备的质量控制要求等。交底过程中需对作业人员、作业面和作业结果进行记录，并及时督促施工单位管理人员向施工班组进行施工工艺操作标准交底和培训。

（四）监理细则

在IDC装修工程专项施工方案审批后，分项施工前，项目监理部应完成IDC装修工程监理细则的编制，同时组织项目监理部人员进行交底学习，并作记录。监理细则应包括工程概况、监理依据、监理工作范围和内容、人员配备计划和岗位职责、监理工作程序和方法、质量控制标准和检验方法等。

（五）材料、设备验收

由于IDC数据中心建设的行业特殊性和对材料选择的高要求，装修材料以不燃金属材料及难燃材料为主，同时气密性好、不起尘、易清洁且符合环保要求的材料也可首选。墙面、顶棚、地面均采用A级防火材料，且禁止使用有机复合材料。所有材料、设备均应按国家现行有关标准检验合格，有关强制性性能要求应由国家认可的检测机构进行检测，并出具有效证明文件或检测报告。如涉及燃烧性能材料监理单位应核查资料包括：①国家授权机构提供的有效期内的符合相关标准要求的检验报告；②产品合格证；③复试检验报告；④有特殊要求的材料，厂家应提供相应说明书等。

三、施工阶段各工序监理要点

IDC数据中心建设中装修施工主要包括吊顶及顶棚工程、防静电活动地板安装工程、隔墙工程、地面工程、门窗工程等，工序宜由上而下、由里到外的顺序进行。现将重要分项分述如下：

（一）吊顶

IDC数据中心吊顶施工采用深色金属格栅吊顶，顶板涂刷深色无机涂料，格栅通透面积占吊顶总面积比例大于70%。格栅板表面应平整，不得起尘、变色和腐蚀；其边缘应整齐、无翘曲，封边处理后不得脱胶；金属连接件、铆固件除锈后，应刷两遍防锈漆。吊顶上的灯具、各种风口、火灾探测器底座及灭火喷嘴等应定准位置，并与龙骨和吊顶紧密配合安装。从外观表面看，应布局合理、美观、整齐。

吊顶工艺流程：放线→安装主龙骨吊杆→安装主龙骨→校正、检查吊顶骨架→安装金属格栅面板。

1. 放线：根据设计标高沿墙面和柱面弹出吊顶标高线，弹线应清楚，位置准确，水平允许偏差 ±5mm。根据设计图纸，在结构顶板上弹出主龙骨位置线并详细标注出吊挂点的位置。

2. 主龙骨吊杆安装：吊杆的规格应符合设计要求并在安装前做防锈处理；用膨胀螺栓将吊杆固定到结构顶棚上，固定须结实牢固；吊杆间距应满足设计要求，并不应大于1200mm，吊杆距主龙骨端部距离不得大于300mm，当吊杆长度大于1500mm时，应设置反支撑。

3. 主龙骨安装：主龙骨间距应满足设计要求，并小于1200mm。主龙骨安装后，及时校正其位置、标高和起拱高度。

4. 吊顶骨架校正与检查：龙骨安装完毕后，全面校正各类龙骨的位置及整体的水平度，检查吊顶骨架，确保牢固可靠。

5. 金属格栅面板安装：吊顶内其他专业的项目施工完毕，应由专业监理工程师组织施工单位质检员、施工员进行吊顶内隐蔽验收，合格后，进行格栅面板的安装作业（图1）。

监理需要特别关注吊顶是否影响消防上喷喷水效果，吊顶内桥架、消防检测器等是否有影响，检查孔部位及大小是否能满足正常检修的需要，吊顶材料耐火极限是否达到规范要求，格栅通透率是否满足IDC机房设计要求。

（二）隔墙

因IDC数据中心防水要求高，隔墙下结构板上应设置高150mm的C20混

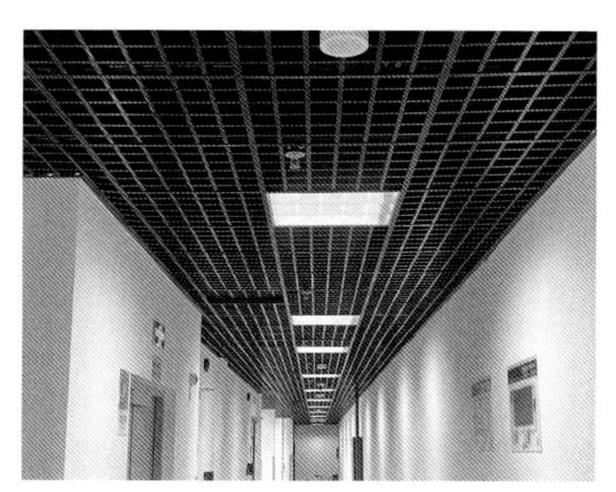

图1　格栅吊顶

凝土挡水围堰，并做闭水试验，监理要旁站施工过程，若施工人员疏忽或监控不严，很容易造成机房渗水，造成重大质量安全事故。

面板表面应平整、边缘整齐，不应有污垢、缺角、翘曲、起皮、裂纹、开胶、划痕、变色和显著色差等缺陷。面板安装应牢固、平直、稳定，应与墙、柱面保留 50mm 以上的间隙。玻璃表面应光滑，无明显缺陷，边缘应平直、无缺角和裂纹。

隔断墙板应与竖龙骨平等铺设，不得用沿地、沿顶龙骨固定。隔断墙两面墙板接缝不得在同一根龙骨上，每面的双层墙板接缝不得在同一根龙骨上。安装在隔断墙上的设备和电气装置固定在龙骨上，墙板不得受力，监理要熟悉设计图纸，对固定龙骨位置做好旁站记录。

隔墙工艺流程：放线→龙骨定位→龙骨安装→岩棉填充→面板安装。

操作要点：施工前，施工单位做好技术交底，先将原墙面灰尘扫尽，再在墙面弹出水平线。根据设计图纸确定安装方向和先后顺序，再进行龙骨定位和分格弹线。

1. 龙骨安装

①龙骨固定件与墙体连接必须牢固，固定件的排布及间距应满足相关规范要求。

②固定龙骨，龙骨与固定件的连接必须牢固可靠，切割面应做防锈处理。

③有耐火极限要求的隔断墙竖龙骨的长度应比隔断墙的实际高度短 30mm，上、下分别形成 15mm 膨胀缝，其间用 80mm 厚岩棉填实，应充满、密实、均匀，并做隐蔽验收。

④监理检查：使用 2m 的直尺检查龙骨的垂直度，偏差应不大于 2mm；使用 2m 的靠尺和塞尺检查龙骨骨架的平整度，偏差应不大于 3mm。

2. 岩棉的填充

龙骨施工完毕后，在龙骨夹层中铺贴防火岩棉保温层，岩棉填充属于隐蔽部位，需要监理做旁站及隐蔽验收（图 2）。岩棉需要按规定做复试，复试项目主要包括密度、导热系数、吸水率、燃烧性能等指标，监理全程取样见证。

①岩棉铺贴完毕后应检查锚固点、平整度及相连板块之间粘接质量，合格后方可进行下道工作。

②岩棉板使用前先设计好铺设方式，计算尺寸剪裁下料，剪裁边缘直线误差应小于 5mm，拼缝不大于 2mm，板与板之间的缝隙用专用胶带粘接。

③铺设自上而下相互连接，应按顺序铺设，当遇到门窗洞口时，应符合相关要求。

3. 石膏板的安装

①石膏板、吸声板等隔断墙的沿地、沿顶及沿墙龙骨建筑围护结构内表面之间应衬垫弹性密封材料后固定。当设计无明确规定时，固定点间距不宜大于 800mm。

②隔墙与其他墙、柱体的连接缝隙应填充阻燃密封材料。隔断墙上需安装门窗时，门框、窗框应固定在龙骨上，并按设计要求对其缝隙进行密封。

监理要特别注意隔墙是否影响消防功能。

（三）抗静电活动地板

安装地板时，同时要求安装静电泄漏系统，铺设静电泄漏地网，通过静电接地铜带和机房安全保护地的接地端子封在一起，将静电泄漏掉。地板接地点需采用抱箍固定。安装后的活动地板应保证其防静电性能不被破坏。

地板在搬运、堆放及安装过程中应保证其完整性，板面无划痕，四周导电胶条不被破坏，且在安装完后要进行有效接地处理，技术性能符合设计要求。

地板面层应无裂纹、缺棱掉角等问题，行走无异响无摆动，并排列整齐，表面洁净，色泽一致，解封均匀，周边顺直。

活动地板施工工艺流程：放线→基层修补→基层清理→安装支撑脚→调整支撑脚标高→地板安装→清理和饰面保护。

1. 放线：在铺设架高地板的地面上，根据架高地板的排版图和现场的轴线位置，放出架高地板的地面分格线。

2. 基层修补：排横竖线交叉位置，即安装底座（支撑脚座）的位置，为达到满意的支撑效果，可将底层地板磨平或进行填补。

3. 基层清理：地板下地面应符合设计要求，地面干燥、平整、不起尘、进行防尘涂覆，保温材料需严密平整，接缝处需粘结牢固，四壁及地面均做防尘处理，不得起皮和龟裂。

4. 安装支撑脚：用胶粘剂抹在支撑杆的底座上，并用锚固螺栓将地板支撑脚牢固地安装在底层地板上。

图2 岩棉填充

图3　防静电活动地板

图4　防静电通风地板

5. 调整支撑脚标高：根据地面标高情况，调整支撑脚的高度，采用拧螺纹套等部分进行升高或降低，以达到标高要求。支座、柱、横梁构成框架一体，并与基层连接牢固，支架抄平后高度符合设计要求。

6. 地板安装：在板面组装四周要画线，使其连接适配，板面与垂直面相接处的缝隙不大于3mm，现场切割的地板，周边应光滑、无毛刺，并进行防火封尘处理。单块地板最小宽度不小于整块地板边长的1/4。活动地板铺设过程中应随时调整水平，遇到障碍或不规则地面，应按实际尺寸镶补并附加支撑部件。平整度要求每100m^{2}偏差±1~4mm，板缝横纵向误差小于2mm，单块地板不大于0.6mm。

7. 清理和饰面保护：铺设后的地面，用真空吸尘器全面清扫，并应组织专业监理工程师、施工员、质检员进行验收，验收合格后，塑料布覆盖严密，防止灰尘进入，以及其他工序施工时被施工人员破坏（图3、图4）。

需要特别注意，活动地板安装对工人施工要求特别高，稍有安装误差会对整体地板平整度产生影响，后续机柜安装就可能出现不平整、有异响、歪斜等问题。地板施工安装都是由厂家施工队伍安装，监理要对进场的分包队伍进行资质审查。

地板安装前须进行地面基础及保温层隐蔽验收，机房要做到无尘，地板下面保洁也很重要，监理单位要督促检查施工单位对地板下隐蔽部位垃圾、尘土进行清理，做到无死角。

地板下消防管道、电力桥架安装等交叉作业问题要合理安排各专业队伍协调好施工顺序，避免对交叉作业产生影响。

结语

因IDC数据中心建设的独特性及施工过程中的不可预见性，机房装修也是整个数据中心建造中监理工作的重点和难点。施工过程中有一个关键要点控制不好，都有可能诱发后续机房建设质量安全隐患。所以，在实际施工过程中必须从源头把控，做到事前控制重于事中控制，事中控制重于事后控制。监理单位应根据施工设计图纸、规范和编制的专项监理细则进行认真监督和管理，把握要领，抓好施工现场质量管理，督促施工单位精心施工，使工程质量满足合同、设计和规范要求。只有这样，才能确保工程的顺利实施和满足机房建设要求的质量。

浅谈混凝土模板支撑工程监理的安全履职工作

沈加斌　陈桢楠　沈瑶瑶
五洲工程顾问集团有限公司

摘　要：本文通过对混凝土模板支撑工程的监理安全履职工作的阐述，围绕混凝土模板支撑工程管控要点应履行的监理工程程序及监理管理痕迹进行详述，对抓好建筑工程混凝土模板支撑工程的监理安全工作具有深远意义。

关键词：混凝土；模板支撑；监理；安全；程序；痕迹；创新

混凝土模板支撑工程包括模板的制作、组装、运用及拆除过程，该工程对钢筋混凝土结构的质量和施工安全的影响较大。据有关部门的不完全统计，混凝土模板支撑工程引发的坍塌事故占混凝土工程施工过程中安全事故的70%以上，尤其是高大混凝土模板支撑工程，一旦坍塌则可能造成群死群伤的较大甚至特别重大的安全事故。为避免混凝土模板支撑工程安全事故的发生，作为监理人员应围绕混凝土模板支撑工程的施工安全管控要点，实施监理安全管理工作。

一、危险性较大及超过一定规模的分部分项工程范围

（一）危险性较大的分部分项工程

搭设高度5m及以上，或搭设跨度10m及以上，或施工总荷载（荷载效应基本组合的设计值，以下简称“设计值”）10kN/m^{2}及以上，或集中线荷载（设计值）15kN/m及以上，或高度大于支撑水平投影宽度且相对独立无联系构件的混凝土模板支撑工程。

（二）超过一定规模的分部分项工程

搭设高度8m及以上，或搭设跨度18m及以上，或施工总荷载（设计值）15kN/m^{2}及以上，或集中线荷载（设计值）20kN/m及以上的混凝土模板支撑工程。

二、生产安全重大事故隐患判定标准

（一）重大事故隐患概念

重大事故隐患是指在房屋建筑和市政基础设施工程施工过程中，存在的危害程度较大，可能导致群死群伤或造成重大经济损失的生产安全事故隐患。

（二）重大事故隐患通用判定标准

建筑施工特种作业人员未取得特种作业人员操作资格证书上岗作业；危险性较大的分部分项工程未编制、未审核的专项施工方案，或未按规定组织专家对“超过一定规模的危险性较大的分部分项工程范围”的专项施工方案进行论证。

（三）重大事故隐患专用判定标准

模板工程的地基基础承载力和变形不满足设计要求；模板支架承受的施工荷载超过设计值；模板支架拆除时，混凝土强度未达到设计或规范要求。

三、混凝土模板支撑工程施工安全风险分析

（一）搭拆操作人员技能及素质的影响

混凝土模板支撑工程搭拆操作人员的技能及工作责任心，直接影响混凝土模板支撑工程的搭设质量，对施工安全影响极大；操作人员的安全意识及个人

安全防护措施，是确保施工安全的重要条件。因此，操作人员如架子工等特种作业人员持证上岗、体检上岗、穿戴劳动防护用品、安全教育和安全技术交底尤为重要。

（二）混凝土模板支撑工程使用材料的影响

混凝土模板支撑工程使用的材料种类繁多，尤其是引用创新技术后，式样增多，工艺流程、供应环节复杂，周转频繁，保养不到位等因素会导致混凝土模板支撑工程所使用的材质存在质量问题，必然给混凝土模板支撑工程施工安全带来隐患。因此，材料报审、进场材料现场质量抽查及复试等工作非常重要。

（三）搭拆方案的风险

不同的工程项目及不同的施工部位，模板支撑工程的几何尺寸、荷载及施工条件并不相同，应依据相关法律、法规、规范性文件、标准、设计文件，编制专项施工方案并经过科学的设计计算。在设计计算过程中需要考虑模板的工程情况，采用正确的荷载值、材料的性能指标、分项系数、力学模型、计算方法及构造措施，同时应完善方案的编制、审核、审查程序，涉及超危大工程方案的，须组织专家论证，在施工作业前完成方案交底及安全技术交底工作。

（四）安装工程质量的风险

在安装工序开始前，进场模板周转次数不宜过多。模板安装过程中，极易出现模板接缝不严密、不重视模板加固，导致安全性、稳定性不足，以致混凝土出现漏浆跑模的情况，甚至需要暂停浇筑。

（五）基础及支撑面的承载力风险

模板支撑工程的地基基础承载力和变形应满足设计要求，施工现场易出现基础不坚实平整、承载力不符合要求；支架底部未设置垫板、扫地杆不符合要求；支架设置在楼面结构时，无加固措施，导致立杆下沉、倾斜或架体失稳而造成模板支撑工程体系坍塌。

（六）混凝土施工过程的风险

混凝土浇捣时的施工荷载是模板支撑工程系统所承受的主要荷载，混凝土拌合料的堆放、浇捣顺序、混凝土输送、振捣所产生的振动，都有可能对支撑系统的稳定性和承载能力产生不利影响。

（七）拆除施工安全风险

混凝土模板支撑体系是临时的，使用后须拆除，工人容易放松警惕。混凝土强度未达到拆模条件，拆除过程未全程佩戴安全防护措施，未按规范“先支后拆”，都是事故频发的原因之一。

（八）其他相关风险

搭拆负责人的违章指挥、搭拆人员的违章作业都可能导致各类伤害事故发生，如高处坠落、物体打击、机械伤害、触电等。

四、监理安全履职管理

安全生产管理的监理人员应具有安全管控意识、工程安全技术专业知识、安全生产管理书写能力和安全生产管理沟通协调能力，同时应熟悉国家和地方有关安全生产、劳动保护、环保、消防等方面的法律法规，积极发挥监理的安全生产管控作用，组织、协调参建单位共同完成项目的安全生产目标。

（一）事前管控

1. 专项施工方案

在模板支撑工程施工前，必须完成专项施工方案编制、审查、审核签字、盖章流程。根据《危险性较大的分部分项工程安全管理规定》（住建部令第37号）中规定，由施工单位在危大工程施工前组织工程技术人员编制专项施工方案，由施工单位技术负责人审核签字、盖章，并由总监理工程师审查签字、盖章方可实施，编制、审核、审查均应符合《住房和城乡建设部办公厅关于印发危险性较大的分部分项工程专项施工方案编制指南的通知》（建办质〔2021〕48号）中“模板支撑系统工程”所涉及的内容。属于高大模板支撑工程的方案，应由施工单位组织召开专家论证会对专项方案进行论证，专项施工方案经论证需修改后通过的，施工单位应当根据论证报告修改，重新履行审核、审查程序；专项方案经论证不通过的，施工单位修改后应按照规定重新组织专家论证，论证前及论证后的专项施工方案应同时存档。

2. 监理实施细则

根据《危险性较大的分部分项工程安全管理规定》中规定，专业监理工程师应当结合危大工程专项施工方案编制监理实施细则，由总监理工程师审批。细则编制依据应包括监理规划、工程建设标准及工程设计文件、施工组织设计及专项施工方案，因此，编制时间应该在模板支撑工程专项施工方案之后。细则的主要内容包括专业工程特点、监理工作流程、监理工作要点、监理工作方法及措施等。

3. 材料及构配件

专业监理工程师应对进场的钢管、扣件、可调托撑、钢管支架（承插型盘扣式、碗扣式等）检查与验收，并按照《建设工程监理规范》（GB/T 50319—2013）中“表B.0.6工程材料、构配件、设备报审表”，审查生产许可证、产品质量合格证、质量检验报告、法定单位测试报告。

4. 特种作业人员

模板支架的搭设和拆除的操作人员属于特种作业人员，必须持架子工特种作业证上岗。项目监理机构应在“全国工程质量安全监管信息平台公共服务门户—特种作业人员操作资格信息”中查询架子工特种作业证的真伪，同时要核查特种作业证的有效期。

5. 安全预告单

遵循动态控制原则，坚持预防为主的原则，积极发挥事前监理的安全作用，在模板支架搭设前，由项目监理机构签发安全预告单，类似于模板工程搭拆安全监理工作交底，明确模板支架搭拆过程应注意的事项，促进施工单位在施工前及施工过程中抓好模板支架安全管理工作。

6. 安全专题会议

项目监理机构组织施工单位、劳务单位有关人员召开模板支架搭设前安全专题会议，统一思想，增强意识，明确模板支架搭设作业流程、设置安全警示标志、方案交底及安全技术交底、项目负责人现场履职、项目专职安全生产管理人员现场监督及施工监测、安全巡视等有关内容，形成会议纪要，签发参会单位。

7. 专项方案交底及安全技术交底

项目监理机构应在模板支架搭设之前，检查施工单位的方案交底及安全技术交底的符合性，即应由模板支架专项施工方案的编制人或项目技术负责人向施工单位现场管理人员进行方案交底；现场管理人员应向作业人员进行安全技术交底，并由双方和项目专职安全生产管理人员共同签字确认。检查情况应在监理（安全）日志中记录，凡是出现交底不到位情况的，应签发监理指令督促责任单位整改。

（二）事中管控

1. 专项巡视检查

项目总监理工程师应安排监理人员巡视检查模板支架搭设，监理人员应巡视检查模板支架搭设与方案及规范符合性，在巡视检查记录表中予以记录，并拍摄巡视部位照片或视频，确保巡视检查的真实性，发现存在安全隐患的，及时签发监理指令，督促责任单位整改。

2. 验收

施工单位、监理单位应当组织相关人员进行模板支架验收。验收合格的，经施工单位技术负责人及总监理工程师签字确认后，方可进入混凝土浇筑工序；经验收不合格的，项目监理机构应签发监理指令督促施工单位整改，经施工单位自检合格后，重新组织验收，直至验收合格。模板支架验收合格后，项目监理机构应督促施工单位在施工现场模板支架搭设位置设置验收标识牌，公示验收时间及责任人员。

3. 整改

在模板支架搭拆过程中，发现存在安全事故隐患的，应当签发监理通知单，要求施工单位整改；情况严重的，应当签发工程暂停令，要求施工单位暂时停止施工，并及时报告建设单位。施工单位拒不整改或继续施工，项目监理机构应及时向有关主管部门报送监理报告。

4. 监理（安全）日志

所有涉及模板支架方面的监理工作内容，均应在监理（安全）日志上予以记录，如方案、监理细则、材料及构配件、特种作业人员、方案及安全技术交底、巡视检查、验收及整改等。

5. 安全生产专题会议

在模板支架搭设过程中，出现搭设与方案、规范偏差大、整改不到位等情形，项目监理机构须组织施工单位有关人员召开模板支架安全生产专题会议，分析问题，商讨解决办法，定人、定时间、定措施落实整改等内容，形成会议纪要，签发参会单位。

6. 监理例会

总监理工程师组织召开的监理例会上，项目监理机构应将模板支架的监理情况进行通报，提出下一步监理工作措施等内容，协调处理模板支架施工过程存在的问题，并在监理例会纪要中如实记录，签发相关单位。

7. 监理（安全）工作月报

总监理工程师组织专业监理工程师单独编制监理（安全）工作月报，将模板支架施工监理的安全管理工作编写进月报中。

（三）事后管控

1. 工程暂停令

一旦发生模板支架坍塌事故，项目总监理工程师应立即签发工程暂停令，并及时报告建设单位。

2. 启动应急预案

项目部一旦发生模板支架坍塌事故，项目监理机构应立即启动应急预案，坚持人民至上、生命至上，以保护人民生命安全为原则，积极协助施工单位做好抢救伤员、人员撤离、设置警戒线、防止二次事故发生等工作，最大限度减少人员伤亡及经济损失。

3. 组织隐患排查

模板支架坍塌事故发生后，项目监理机构应及时组织施工单位有关人员进行项目隐患排查工作，形成隐患排查记录表，督促施工单位整改。

4. 组织警示教育

模板支架坍塌事故发生后，项目监理机构应组织施工单位、劳务单位有关人员进行警示教育，举一反三，增强员工安全意识。

五、创新管理——天目信息化平台

五洲工程顾问集团有限公司根据危大工程监理的安全管理工作流程及典型事故处罚案例，自主研发危大工程管理的天目信息化平台，天目平台配置文档标准模板及图例模板、巡视检查操作指引、事故案例视频等，具有流程化、标准化特点，对项目监理人员开展危大工程监理的安全管理工作有重要帮助。下面简要介绍天目平台中危大工程之一的模板支架信息化管控。

（一）危大工程清单识别

项目监理机构根据施工进度，模板支架预计开始时间前，根据审核合格的专项施工方案，在天目平台上填写模板支架搭设的高度、跨度、施工总荷载、集中线荷载判定条件，平台自动识别属于危大工程还是超危大工程。

（二）危大工程流程化管控

项目监理机构围绕程序检查、搭设环节、拆除环节及公司标准化安全管理的通用流程实施等方面，落实模板支架监理的安全管理工作。

（三）预警报警机制

在模板支架实施的流程上，设置前后关联节点及时间控制节点，出现流程上节点未完成事项，平台会自动预警报警，提醒项目总监工程师安排处理。

（四）升级管控

将模板支架方案、隐患分级监控列为主要升级管控事项，未在平台约定期间内完成的，自动升级到公司的监控中心，由监控中心实施督办，监督整改完成。

结语

随着建筑工程逐渐向“高、大、难、尖、特”方面发展，高大支撑模架工程将会越来越多，唯有夯实监理的安全管理工作，实施流程化、规范化、标准化管理，实施监理全面履职工作，做到履职尽责，才能实现免责或减责风险。

浅谈高铁地下站房底板防水施工监理控制要点

邓谋刚
北京赛瑞斯国际工程咨询有限公司

摘　要：本文结合长沙机场改扩建工程综合交通枢纽工程长赣铁路黄花机场站项目实践经验，及防水施工过程中出现的问题处理情况，从监理角度进行分析与研究，浅谈地下结构底板防水控制要点，提出相应的监理对策。

关键词：高铁站房；底板防水；监理

引言

对地下结构而言，防水施工质量的好坏，直接影响结构的安全及稳定，是其防渗漏的关键环节。随着地下工程的普及，防水设计原理及设计要求已趋于标准及规范，但对防水施工工艺及质量控制的要求及标准越来越高，若没有做好，后续结构渗漏等不仅将增加返修成本，还影响结构安全。本文将重点从监理角度对高铁站房底板结构防水施工过程中各个环节的监理控制要点进行分析和总结。

一、底板防水设计原则

本文所述高铁地下站房结构采用全外包防水。结构防水设计应遵循“以防为主、刚柔结合、多道防线、因地制宜、综合治理”的原则。确立钢筋混凝土结构自防水体系，即以结构自防水为根本，以施工缝、变形缝等接缝防水为重点。辅以附加防水层加强防水，并应根据水文地质情况、施工方法、结构形式、防水标准和使用要求、技术经济指标等来综合确定有效、可靠、操作方便的防水方案。本文所述高铁主体结构底板作为重要构件，按设计使用年限 100 年的要求进行耐久性设计。该地下高铁车站主体及所有附属结构防水等级均为一级，不得渗水，结构表面应无湿渍。

二、底板防水施工方法

（一）施工工艺流程

清理基层→桩头防水处理→涂刷水泥基渗透结晶型防水涂料→铺贴自粘防水卷材→ C20 混凝土保护层浇筑→防水钢筋混凝土底板。

（二）施工主要步骤

1. 基层清理

待垫层施工完成，强度达到 1.2MPa 可以上人后，清理剔凿合格后的桩头和桩身（垫层上部分），用钢钎铲除桩头松动的混凝土块及浮土，将桩头、桩身表面以及桩身周围 250mm 范围内的混凝土垫层用钢丝刷刷成粗糙毛面并清扫干净，最后用清水和墩布冲洗干净。防水灰浆涂刷前，要求基层湿润，但表面不得有明水。基层清理时必须将凸出基层表面的异物、混凝土凸起处等铲除，并将尘土杂物清扫干净，最好用高压空气机进行清理。阴阳角等处必须仔细清理，对细部进行抹灰处理，并将阴阳角做 R=50mm 的圆角。若基层高低不平或凹坑较大时，用掺加 108 胶水（占水泥重量的 15%）的水泥砂浆刮平，根据基层平整度情况刮 1~2 遍即可，刮完后应养护，待干燥无明水、杂物，验收合格之后可进行下一步施工。

2. 灰浆的调制

水泥基渗透结晶防水涂料灰浆配合比为粉料 ： 水 =1 ： 0.3（质量比），调制方法为将粉料与水倒入容器内，搅拌试件 3~5min，必须充分搅拌均匀，一次搅拌不宜过多，以在 20min 内用完为宜，使用过程中不得另行加水加料。

3. 涂刷方法及要求

（1）涂刷范围：垫层以上桩头、桩身及距桩身 250mm 范围内的基础底板垫层。

（2）涂刷遍数：防水涂料涂刷三遍成活，水泥基渗透结晶防水涂料用量不小于 1.5kg/m^2，厚度不得小于 1mm，每遍涂刷的方向应相互垂直。

（3）涂刷要求：涂刷时应来回反复用力揉涂，确保凹凸处都能涂刷均匀，坑洞沟槽等处要用力涂刷开，不得有积浆，否则积浆处易开裂。下一遍涂刷应在上一遍涂层终凝后，但仍为潮湿状态时进行，中间间隔不得超过 24h。涂刷完成后在桩基钢筋上套橡胶止水环。

4. 养护

水泥基渗透结晶防水涂料涂刷完毕后，必须用净水精心养护，在涂层呈半干状态时，及时用雾状水养护，避免用水冲刷。养护期间始终保持表面湿润，尤其天热时要派专人负责多喷水，连续养护 72h 后交付验收。

（1）柱子及阴阳角处采用 1 ∶ 2.5 水泥砂浆抹 50mm 圆弧或 45° 坡角。

（2）采用双面自粘卷材做防水加强层，防水加强层平面为 200mm 厚，砂面朝向后浇混凝土结构，桩头处卷材延伸至底板平面。

（3）缺陷处用聚氨酯密封膏填充压实补平。

桩头防水做法如图 1、图 2 所示。

根据设计明确意见及各方同意，因立柱桩超灌，导致格构柱内部填充的混凝土无法剔除，止水钢板可以不居中布置，当超灌混凝土顶部标高位于底板顶面标高 25cm 以下时，止水钢板焊接于超灌顶面标高处；当超灌混凝土顶部标高位于底板顶面标高 25cm 以上时，格构柱外圈止水钢板正常焊接在底板顶面标高以下 25cm 处，后续拆撑将格构柱切除后，施工单位将格构柱处剔凿至底板顶面标高以下 25cm，将内圈的止水钢板焊接于外圈止水钢板内侧。

5. 底板大面防水施工

节点处理→弹线、定位→铺设防水卷材→卷材长、短边搭接→节点密封→质量检查、修补→验收→成品保护。

（1）整体铺贴顺序以“由远及近、先细部后大面”为总原则。

（2）基面阴阳转角用 1 ∶ 2.5 水泥砂浆进行倒角处理，抹成圆弧形，阴角最小半径为 50mm，阳角最小半径为 20mm，应保证先施工基面不影响后续基面的施工，工作面展开应合理，高效。阴阳角基层处理完毕后，进行防水附加层施工，附加层宽度为 500mm，每边为 250mm。

（3）根据基坑形状确定卷材整体铺贴方向；于基面四周保护墙或围护模板一侧，距平立面转角线 300~600mm 平行设置搭接控制线，以使搭接缝与转角线二者相互错开；确定转角搭接控制线后，以该线为起始线，依次向外平行弹线。基面范围其他平立面转角处亦应按上述方法设置搭接控制线。

（4）使卷材砂面朝上，根据搭接边位置确定卷材方向，在基层表面展铺卷材，释放卷材内部应力；根据短边错缝搭接原则，按弹线位置或搭接控制线对卷材进行定位和裁切，相邻两幅卷材短边搭接相互错开 1/3~1/2 卷材宽幅，水平铺设。

（5）按设计要求，长边搭接，相邻卷材长边采用本体预留搭接边自粘搭接（胶粘带），搭接宽度不小于 80mm；短边搭接宽度不小于 100mm。

基础底板甩槎防水卷材施工时，应预留出防水卷材接槎，用预拌砂浆做好接槎处的防水保护层 50mm 厚，已浇筑的底板混凝土结构与未浇筑的底板结构交接处增设一道防水附加层 500mm 宽。基础底板与侧墙交接处预留 300mm 防水卷材翻至侧墙方向，再进行搭接，翻

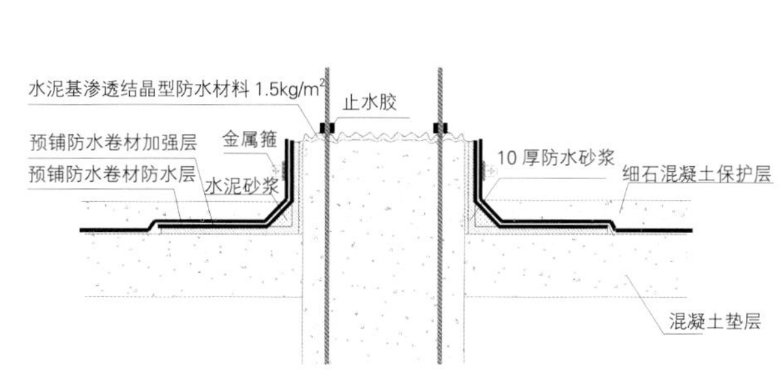

图1　柱基防水构造

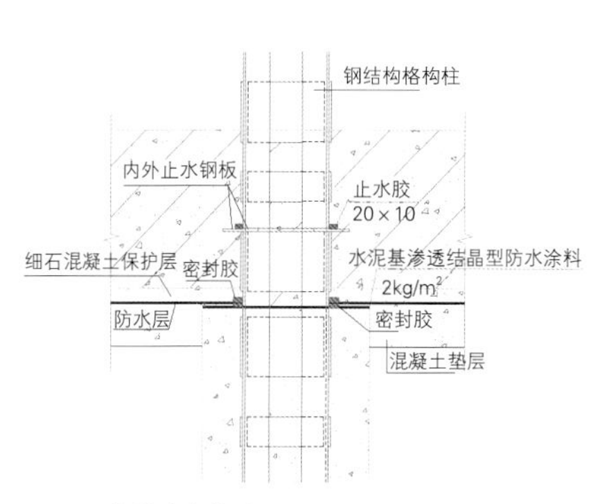

图2　立柱桩防水构造

卷至侧墙上。

6. 细部构造及附加层处理

（1）阳角附加层

内附加层：先剪裁500mm宽卷材（长度可根据实际要求定）做附加层，立面与平面各粘结100mm。主防水层：将平面交接处的卷材向上翻至立面大于250mm（亦可根据实际要求定），下一步相同。外附加层：剪裁一块600mm正方形卷材，从任意一边的中点剪口直线至中心，剪开口朝上，粘贴在阳角主防水层上。下一步相同，剪裁与上述尺寸相同的附加层，剪口朝下，粘贴在阳角上。

（2）阴角附加层

内附加层：剪裁500mm宽卷材（长度依实际情况而定）做附加层，立面与平面各粘结100mm。主防水层：将平面交接处的卷材向上翻至立面大于250mm（也可根据实际要求定）。外附加层：将卷材用剪刀裁成200mm的正方形片材，从其中任意一边的中点剪至方片中心点。然后将被剪开部位折合重叠，折叠口朝上，涂刷聚合物粘结料在阴角部位粘结压实，机械固定，下一步相同，只是折叠口朝下。

三、底板防水施工监理控制要点

（一）施工准备阶段控制要点

监理部要在开工前参与或组织图纸会审及设计交底，领悟和熟悉防水设计意图及要求，对于设计图纸未明确的部位或需优化的防水做法，如桩头防水、格构柱防水、细部防水构造、防水材料指标等，要及时组织建设、设计、施工单位讨论，提出解决措施，设计单位明确具体做法，便于后续方案编制及现场实施。

开工前，监理工程师还应对总、分包单位及人员资质进行审查，确保有足够的管理能力，有类似业绩和相应的技术水平。防水分包单位一般都为专业分包，监理人员在审核分包资质时，须人证合一，上报人员和现场人员一致，且附总分包安全生产管理协议及专业分包合同，相关资质复印件须加盖单位公章。开工前，监理工程师还应审核防水施工方案，组织施工单位主要管理人员开展底板防水技术交底，督促施工单位管理人员对分包单位开展层级交底，并核查相关交底记录。

（二）原材料进场控制要点

防水卷材、聚氨酯、水泥基渗透结晶防水涂料、遇水膨胀橡胶密封条、止水带等材料进场，需经现场监理工程师核验外观、合格证、材质证书、自检报告等，查验材料的型号、规格是否符合设计要求，检查原材料和施工设备的主要技术性能是否符合设计要求。同时，现场见证取样送检，确保原材料质量，要求送至建设单位委托的第三方检测单位，其他单位的检验报告不能作为材料合格的依据，如钢板止水带是否是Q235b钢板，3~4mm厚500mm左右宽度。主要材料报告的检验指标须满足设计及规范要求，不得低于设计要求，否则不得进场使用。进场的材料做好堆放文明施工管理，须做好成品保护及覆盖，不得长期暴晒、雨淋。材料堆放须严格区分待检区和已检区。

（三）底板防水基面控制要点

防水基层清理是防水正式施工前的关键工序，确保防水基面干燥、平整是重要控制点。应注意以下三个方面：一是基槽验收完成后要确保垫层施工的平整度及强度，垫层要进行必要的养护，杂物清理干净，出现凹凸部位应按设计要求进行处理；二是底板与侧墙阴角防水基面应按设计要求用1∶2.5水泥砂浆进行倒角处理，保证先施工基面不影响后续基面的施工，阴角基面处理完成后先施工防水加强层；三是若无肥槽，侧墙防水基面在桩间喷锚阶段或模筑时应保证施工平整，不能出现凹凸状，或有侵陷要及时处理，围护桩与侧墙防水卷材之间应采用砂浆找平，找平层平整度允许偏差为5mm，平整度检测应满足《建筑防水工程现场检测技术规范》JGJ/T 299—2013中对于平整度检测的要求。

（四）桩头防水质量控制要点

因底板下部设置有抗拔桩，在底板防水大面施工前对桩头的防水处理尤为重要，重点应关注以下几个方面：一是桩头环切要控制桩头的棱角完整（有损坏要修补到位），桩头凿毛要到位，混凝土块要清理干净，经检测合格验收后方可开始八字角处理（水泥砂浆倒角，半径20cm）及桩头水泥基防水涂料的施工，监理工程师应每个桩头验收合格，确保处理到位；二是八字角处理完成后施工附加防水加强层（按设计要求，可根据天气情况合理选择卷材防水或聚氨酯涂料防水层），卷材加强层应上翻与桩头平齐，并按设计要求加设金属箍，现场监理应重点关注防水加强层是否与八字角、桩头密贴牢固，加强层宽度、铺设半径是否符合设计要求；三是检查桩头钢筋是否按设计要求设置了遇水膨胀橡胶密封条，是否设置到位，确保与桩头处密贴。

（五）立柱桩及格构柱防水质量控制要点

因地下站房基坑支护结构设置有内

图3　格构柱止水钢板焊接

支撑及格构柱，格构柱桩兼立柱桩。因此立柱桩防水处理是防水质量控制重点，应按设计要求在格构柱下部涂抹密封胶，并设置防水层及防水保护层，最后涂刷水泥基渗透结晶防水涂料，监理工程师应重点关注格构柱位置防水处理是否符合设计要求。另因立柱桩超灌，导致格构柱内部填充混凝土无法剔除，监理工程师应根据设计意见及专题纪要检查验收，确保格构柱止水钢板符合设计要求，在后续拆撑将格构柱切除后，应督促施工单位将格构柱处剔凿至底板顶面标高以下 25cm，将内圈的止水钢板焊接到位，具体如图 3 所示。

（六）底板施工缝质量控制要点

主体结构施工缝采用中埋式钢板止水带和优质水泥基渗透结晶型防水材料进行加强防水处理，具体控制要点如下：

1. 按施工顺序设置纵向施工缝和横向施工缝。底板不得设置纵向施工缝。横向施工缝间距宜控制在 16~20m 范围内。纵向（水平）施工缝一般设在各板加腋上方或下方 800~1000mm 处，以及中板面上方 500~800mm，并可根据现场实际情况适当调整，监理工程师应重点检查施工缝设置是否符合要求，方案是否按设计进行编写。

2. 止水带安装时，应再次检查确认钢板止水带厚度、宽度，并按设计要求 Z80 镀锌处理。对止水带安装固定方式及间距进行检查，固定在结构钢筋上的间距不得大于 400mm，固定应牢固可靠，不得出现扭曲、变形等现象。为确保混凝土在施工缝位置的密实性，要求底板施工缝止水钢板板口朝上。

3. 浇筑混凝土时，止水带部位的混凝土应进行充分振捣，保证施工缝部位的混凝土充分密实，这是止水带发挥止水作用的关键，应确实做好。振捣时严禁振捣棒触及止水带。

4. 浇筑施工缝部位混凝土前，监理工程师应关注以下两个方面：一是需督促对施工缝表面进行凿毛处理，此时应确保不得对止水带造成破坏；二是将施工缝表面清理干净并涂刷界面剂，界面剂采用优质水泥基渗透结晶型防水材料，每平方米用量不少于 1.5kg，且厚度不小于 1mm。涂刷界面剂的时间及工艺等应严格按有关要求进行，以达到预期防水效果。

结语

地下结构防水设计在实际施工过程中会遇到很多问题，如阴阳角处理、桩头防水处理及立柱桩止水钢板处理等细部防水施工问题。另防水施工成品保护问题已较为普遍，因此厘清防水设计意图，加强过程中与设计的沟通，提前解决施工中可能出现的问题是做好地下结构防水施工的重点。本文结合工程实践、设计、规范及已审批的施工方案，从监理角度对底板防水各个施工工序过程中应关注的关键控制点进行了简单说明，为行业在此方面的监理工作开展提供一些参考和借鉴。

参考文献

[1] 谢国华．深基坑地下室的防排结合式防水施工关键技术探究[J]．住宅与房地产，2017（3）：213．
[2] 邢光辉．建筑地下室工程防水施工管理分析[J]．江西建材，2016（20）：292．
[3] 白日戈．地铁综合楼地下室防水施工及质量控制[J]．中国建设信息化，2016（9）：70-71．
[4] 建筑与市政工程防水通用规范：GB 55030—2022[S]．北京：中国建筑工业出版社，2023．
[5] 地下防水工程质量验收规范：GB 50208—2011[S]．北京：中国建筑工业出版社，2011．
[6] 地下工程防水技术规范：GB 50108—2008[S]．北京：中国计划出版社，2009．

浅析地下连续墙施工控制技术重点

魏庆慧
北京赛瑞斯国际工程咨询有限公司

摘　要：近年来，我国基础设施、市政工程建设迅速发展，地下连续墙成为现代建筑工程建设中最重要的组成部分。在地面上分别使用成槽机等机械设备沿着导墙的中心线在泥浆护臂的条件下，相互间隔开挖出宽约6m、深数十米的深槽，使用泥浆处理器清槽后，用主、副履带式起重机配合把钢筋笼放入槽内，钢筋笼内按照设计要求安装好测斜管及墙身完整性检测管。然后用双导管法灌注水下C35（抗渗等级P12）混凝土，浇筑成一个单元幅墙体，如此间隔式逐段进行，在地下筑成一道连续的钢筋混凝土连续墙，作为支护承重及挡水的围护结构。地下连续墙全部浇筑完成后，使用超声波仪器进行墙体完整性检测，检测合格后准许进行基坑开挖，并按照施工图设计和专项施工方案进行墙体支护，保证深基坑开挖的安全并做好监控量测。

关键词：地下连续墙；垂直度；起重吊装；超声波

引言

随着城市化进程的不断加快，居民生活水平显著提高，各个城市内的交通拥堵问题日益加剧，地铁愈发成为人们喜爱的出行方式。这一背景给地铁项目建设施工速度和安全提出了更高的要求，地下连续墙在车站深基坑开挖过程中广泛应用。本文针对地下连续墙施工进行了分析研究，简要阐述了地下连续墙施工主要工艺流程、质量控制要点、施工难点和重点，总结了地下连续墙工程施工中存在的问题，并提出了工程施工管理的有效策略。

一、地下连续墙施工主要工艺流程

（一）导墙施工

依据施工图设计测量放线完成后，开始施工导墙。导墙的主要作用有：防止地表土体坍塌、为成槽施工提供导向、满足施工机械设备的荷载及保护泥浆护壁液面稳定和方便打捞浮渣等。其施工质量直接关系到地下连续墙的成槽施工质量，所以导墙施工的钢筋绑扎必须严格按照施工图设计和规范标准要求进行。混凝土浇筑时，振捣密实且不漏振，浇筑完成后做好混凝土养护，并留置同条件试块。

（二）成槽施工

导墙的同条件试块试压强度达到设计值后开始进行试成槽，试成槽是为了验证水泥搅拌桩施作后是否达到预期效果，特别是人工填土层、中粗砂质等地层对连续墙施工工艺的影响。例如青岛地铁4号线李家下庄站地质条件特殊，为保证后期施工中控制成槽机抓斗作业时的垂直度、泥浆密度参数、成槽时不塌孔、工程实施的连续性，应该在导墙中心线两侧1m范围内先施作三轴水泥搅拌桩，所以需根据现场情况先进行试成槽。将首次的开槽作为试验槽段，现场的工程技术人员收集成槽施工中各类参数和实测数据，核对勘查地质资料，观测有无塌孔，对所选用的设备、施工工艺以及技术要求进行逐项验证，工程技术人员对泥浆配合比进行复核，使用泥浆实验仪器（三件套）测验泥浆密度是否大于1.15g/cm^3，把测得的各项参数作为后续施工的依据，并根据实际情况进行微调。试成槽完成后，使用成槽机进行正常成槽施工，施工产生的渣土不落地（渣土车的翻斗内全铺一次性环保篷布）及时外运到渣土场。

（三）钢筋笼制作、吊装和混凝土浇筑

1. 钢筋笼制作和起重吊装

应根据施工图设计和现场的实际情况确定钢筋笼制作宽度和深度，每一副钢筋笼都要检查钢筋的规格、型号、绑扎间距和直螺纹连接。重点检查起吊点、桁架筋、型钢处的焊接点是否为双面焊接且符合图纸和规范的要求。电焊机使用直流电焊机，焊工必须持证上岗，依据焊接工艺卡进行焊接。为防止钢筋笼入槽时有产生塌孔，采用主履带式起重机把钢筋笼整体一次吊装入槽。钢筋笼入槽到位后，用槽钢横担在导墙上等待浇筑，同时在导墙上做好邻边防护。

2. 混凝土浇筑

地下连续墙采用水下商品自密实混凝土浇筑（强度等级C35，抗渗等级P12），混凝土入场浇筑前实验室人员首先进行坍落度检测。混凝土的坍落度为160~200mm为合格，浇筑每段墙体商品混凝土前，应在墙体未成槽一侧投掷沙袋，以便下一槽段进行开挖和浇筑。使用双罐车双导管同时浇筑，保证首罐混凝土浇筑时埋管深度距槽底不大于1.50m，在整个浇筑过程中保证导管的下端埋入泥浆液中2~2.5m，并及时提升卸掉导管。需连续浇筑，不能同时更换罐车，浇筑时确保混凝土有较好的流动性以保证墙体质量。

二、质量控制要点

（一）导墙的质量控制要点

为使成槽机的抓斗能够顺利下行施工，导墙内的净空净尺寸比地下连续墙厚度（600mm）大100mm，即中心线两侧各增加50mm。

钢筋的规格、型号、绑扎需符合图纸和规范的要求，钢筋模板施工完成后重点检查中线是否偏位、垂直度及导墙内净宽。需经“三检”合格并经监理同意后，方可浇筑混凝土，浇筑时不能冲击模板，振捣要到位且不漏振。

导墙模板拆除后，检查导墙的中心线和平整度、垂直度是否符合成槽施工的要求。

（二）成槽的质量控制要点

根据设计图纸并结合现场实际情况，确定好每幅地下连续墙的位置，实测数据用来下料制作钢筋笼，用油漆（红）在导墙上标记出接头位置，用于成槽、钢筋笼入槽等控制。成槽机在坚实平整的场地就位，以便施工时控制抓斗的垂直度。成槽机的履带与导墙始终保持垂直状态，作业时，抓斗要对准导墙中心线。抓斗入槽时，应靠其自重匀速下放，不得随意快速冲放，根据不同的地质条件及泥浆液面状况，控制好成槽机掘进速度，严禁抓斗快速冲荡泥浆和斜撞槽壁。为提高成槽时效，减少现场环境污染，用自卸汽车在成槽机旁轮流接运泥渣，将泥渣速运至指定场区。成槽机挖到中风化花岗石时停止成槽，使用冲击式钻机进行成槽，及时使用泥浆处理器清理沉渣以利于成槽，用线绳尺测量成槽深度。成槽深度及槽壁垂直度和泥浆密度是控制的要点。

（三）钢筋笼的质量控制要点

1. 钢筋原材（套筒）

钢筋原材（套筒）进场后检查产品合格证及出场检验报告，经监理现场见证取样，并送第三方试验检测中心检验合格后，准许使用。钢筋加工前应清除油污和铁锈，除锈由人工使用钢丝刷或打磨机两种方法进行。不准使用弯曲的钢筋，严禁使用电焊、气焊切割钢筋。钢筋加工前，技术人员应根据施工图设计的要求分别对每幅地下连续墙钢筋单独下达配料单。加工人员在下料前认真核对图纸，确定好钢筋规格型号、加工数量和尺寸，核对无误后，根据实际施工进度按配料单下料。钢筋（套筒）加工使用前，还需根据相关规范要求进行复试、焊接工艺试验，满足规范要求后，方可使用。

2. 钢筋焊接、机械连接

先布置好槽钢（先行幅），再按照设计要求的间距布置好主筋和分布筋，钢筋的间距符合图纸和规范的要求，纵横向钢筋交点全部点焊，桁架筋和主纵筋、分布筋与型钢处的焊点全部是双面焊接，焊缝满足焊接工艺评定要求。钢筋笼主筋接头率按照50%错开且接头间距不小于1m，每一截面上接头数量不超过50%，机械连接外露丝扣小于2丝，并使用扭矩扳手进行验收。施工试验人员在专业监理工程师的见证下进行平行检验，在钢筋笼上进行机械连接实体取样并送到第三方实验室，以检测机械连接强度等级是否符合要求，达到一级连接等级。

3. 型钢、桁架、定位垫块（保护层）、吊点等

根据图纸确定钢筋笼是否需要型钢，横向的桁架筋间距3m，竖向的桁架筋间距为1.5m。钢筋笼的定位垫块

（保护层）厚度必须满足设计要求，钢筋笼主筋净保护层厚度为7cm，为保证保护层厚度，在纵向主筋两侧每隔4m各设一排垫块，横向为2块，垫块使用0.5cm厚钢板制成几字形并焊接牢固。主副吊点分别用ϕ40mm的圆钢焊接在有桁架筋的竖向主筋上，焊点为双面焊接且符合规范要求。钢筋笼竖向两侧4面分别固定好宽0.6m、厚0.2mm的镀锌铁板止浆（混凝土）。

三、地下连续墙施工的重点

（一）成槽深度和垂直度

每个横断面全部成槽后用泥浆处理器把细沙过滤后，进行下一个断面的成槽，直至达到图纸设计的深度位置，清除沉渣后用线绳尺实测开挖槽段的槽底深度，验收合格后，准备钢筋笼入槽。

每一次成槽后用超声波测壁仪器在槽段内中间位置从上至下扫描槽壁壁面，成槽时出现异常就要及时检测槽壁，用测得的壁面最大凸出量或凹进量（用导墙立面为扫描基准面）与槽段实际深度之比作为成槽垂直度。成槽过程中发现垂直度出现异常时，立即分析原因并采取措施。

（二）钢筋笼起重吊装

钢筋笼采用两台履带式起重机配合起吊，履带式起重机操作室内有显示器，操作司机依据显示器的数据及时调整起重臂的变幅，主副吊分别使用履带式起重机，钢筋笼主吊横向设置2排共8个吊点，副吊也设置2排8个吊点，吊点分设在纵向桁架和横向桁架的交点位置。履带式起重机司机和信号司索工属于特种作业人员，必须持证上岗，作业前进行安全技术交底，没有信号司索工在现场指挥，不准进行吊装作业，作业时安全员和安全监理在现场旁站。两台履带式起重机同步把钢筋笼吊起离地面0.5m时停止吊装，检查钢筋笼的平稳性及是否变形。无异常后主副吊同时匀速升起，当钢筋笼离地面2m左右时，主吊上升副吊配合，钢筋笼完全由主吊承载时摘掉副吊的钢丝绳，由主吊负责运输钢筋笼至验收合格的槽段处。在信号司索工的指挥下分段平稳地下入到槽内，在钢筋笼吊装区域注意观察是否有高压线，有六级及以上大风时禁止吊装钢筋笼。

四、地下连续墙施工的难点

（一）地下连续墙接缝止水

接缝止水与咬合墙接槎是地下连续墙施工中控制的关键一环，钢筋笼制作、吊装入槽、混凝土浇筑每个阶段分别重点控制，为了确保混凝土能绕流过钢筋笼（后行幅）与钢筋笼（先行幅）的型钢形成紧密结合（图1）。过程中注意控制泥浆密度，确保孔壁不塌孔，混凝土浇筑后相邻两幅地下连续墙的接缝不出现漏水。

（二）成槽质量控制

1. 成槽质量控制要点

成槽垂直度是否符合要求，关系到钢筋笼吊装入槽及整个地下连续墙工程的质量，所以在导墙施工前依据地质情况进行加固，成槽过程中要随时了解槽壁垂直度情况，成槽机司机发现显示仪数据出现偏差，应立即启动纠偏系统调整垂直度，确保垂直度控制在5‰以内。在成槽作业过程中，要求司机精心操作、及时纠偏，以保证垂直度达到规范和设计的要求，必要时要有测量人员使用测量仪器对成槽机的抓斗吊绳进行垂直度观测，作为辅助控制成槽垂直度的一种手段。

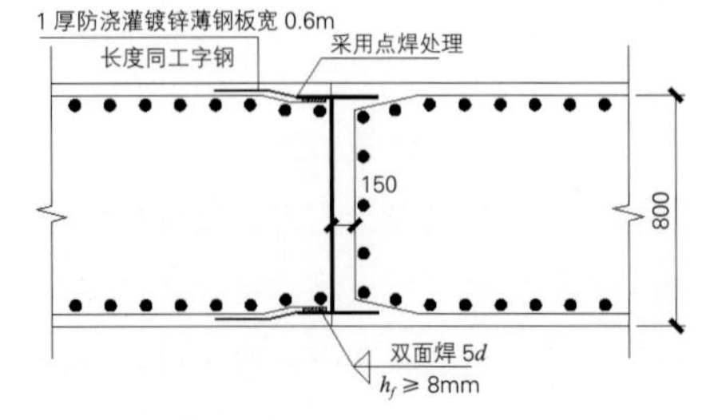

图1 H型钢接头详图

2. 成槽质量保证措施

在每一幅成槽过程中，槽内的泥浆起到护壁携渣和切土润滑等作用。符合要求的泥浆能保证成槽时槽壁的稳定，防止大面积塌槽。地下连续墙槽段在开挖过程中，为保证成槽的断面稳定，需要有专业人员连续不断地对槽内泥浆进行置换，及时调整泥浆密度和配合比，把沉淀物及时抽出、排放并清理干净。

结语

地下连续墙施工技术虽然已经成熟，但技术人员仍要提升责任心，加强细节控制，严格按照技术规范和质量检验标准控制，才能保证地下连续墙施工质量。施工企业要完善施工管理制度，建立科学有效的管理体系，加强监督管理；施工技术人员则要加强学习，提升个人专业水平才能灵活应对各类现场问题，为地铁车站施工节约成本和提高安全系数。

参考文献

[1] 丛蔼森．地下连续墙的设计施工与应用[M]. 北京：中国水利水电出版社，2001.
[2] 陈礼仪，胥建华．岩土工程施工技术[M]. 成都：四川大学出版社，2008.
[3] 贾兴文．土木工程材料[M]. 重庆：重庆大学出版社，2017.

基于长距离盾构隧道工程监理智能管理实践创新

赵 良 郭精学 盛 苗 周邦国

中国石油北京项目管理公司兴油项目管理公司

摘 要：随着互联网技术及大数据快速发展，传统监理工作在互联网的推动下取得了较多突破性进展。本文以中俄东线长江盾构项目为例，开展长距离盾构隧道工程监理智慧管理创新实践。尤为突出的是监理利用项目管理信息系统、智慧工地、执法记录仪、智能安全帽定位、二维码交底、智慧视频监控、不符合自动识别、自动化监测等智能管理方式，实现了监理工作管理模式的创新，使长距离盾构隧道监理工作逐步实现共享和集成管理，有效提高了监理管理工作效率。

关键词：长距离盾构隧道；工程监理；智能管理；实践创新

中俄东线长江盾构穿越工程是单向掘进距离长、埋深深、水压高、直径大、施工环境复杂的管道穿江盾构工程。在监理创新管理工作过程中，通过使用项目信息管理系统、执法记录仪、自动监测等新型方式进行管理，使得管理信息化深度融入施工质量安全管理核心业务中，实现了对长距离盾构隧道项目进行智能化监管，丰富了质量安全监管手段，从而减少监理人员投入，提高监理工作效率和项目管理水平，促使项目安全、优质、高效、平稳推进，打造“智慧建造、绿色施工、人文工地”的示范工程。

一、监理项目管理信息系统

（一）信息系统

为促进项目管理工作标准化，提高工作效率和管理水平，基于多层级复杂项目创新管理思路，以管理手段信息化、过程管理流程化、进度展示可视化、资料归档一键化等思路研发出监理项目管理信息系统，涵盖展示层、业务管理层、数据采集与管理层和基础支撑层，可以满足单个项目管理、项目群管理、项目组合管理及企业集约化经营管理的要求。通过监理项目管理信息系统，项目信息能够基于电子介质进行海量存储、高效加工和高速传输，并进行自动统计分析，使项目各参建单位管理人员能够通过网络方便地共享信息、协同工作，大幅度地提高工作效率。

以不符合项管理平台为例，不符合项管理平台分管理不符合项和自检不符合项两部分，实现提出、填报、整改、复验的现场管理功能。按照“全员参与、逢错必报、有错必纠”的管理原则，监理工程师在现场巡视检查发现不符合项时，通过拍照利用手机 APP 在线填报；施工单位收到此不符合项时，组织现场整改并经监理工程师现场复验，通过不符合项管理平台进行整改回复闭合。同时，不符合项管理平台具有填报记录自动统计分析功能，能够随时以趋势图、分布图来统计分析出指定时间内的隐患类别及辨识率，便于管理人员制定专项控制措施，减少或杜绝类似问题重复发生。

（二）智慧工地管理平台

智慧工地管理平台综合运用 CBIM、GIS、大数据、物联网、边缘计算、云计算等信息技术，将盾构施工各数据信息采集并汇总到同一管理平台上，进行大数据智能分析和工程过程管理，以信息化无感应用方式实现监理管理三维信息化集成应用，可实现与监理项目管理信息系统数据交互与共享。通过智慧工地管理平台提供直观、动态的可视化展示，为监理工程师监测预警、动态监管提供可靠的依据，提升监理工程师预测预警能力（图1）。

随着超长距离盾构隧道掘进逐步延伸，监理工程师在隧道内巡检时间逐渐增加，通过智慧工地管理平台提升监理工作效率，准确、有效地对盾构掘进过程进行监管。一是通过实时采集工程现场的人员、设备机械、关键施工部位及环境等信息，结合项目信息、施工方案、图纸方案、地质情况、BIM模型、知识库和经验库，进行隧道施工“全要素、全流程、全覆盖”的全生命周期管理。二是监理工程师通过对自动统计分析生成的每环掘进时间、管片拼装时间等数据，从多个层面分析不同地质条件下盾构掘进的效率，便于对施工进度进行管控。三是通过录入平台中的风险源位置、等级、处理措施等基础数据，结合工程地质信息和盾构施工参数，动态设置掘进参数预警阈值，超出阈值的状况自动触发相关预警机制进行风险源预警。四是可以随时掌握盾构机主控室掘进施工总推力、推进速度、刀盘转速、刀盘监测数据、扭矩值、泥水压力、气垫仓压力、导向系统等参数，通过盾构施工主要参数的展示与分析可迅速了解盾构设备运行状态及健康状态，如有异常情况，可立即进行远程控制。五是隧道内视频监控实现隧道、盾构机等智能视频监控全覆盖。当隧道内发生涌水、涌砂等紧急情况时，通过盾构机视频监控和信息反馈，可使用应急指挥设备对讲机和喇叭，快速直接与各级管理人员取得联络，及时处理现场险情，报警并通知现场人员撤离。此时再通过现场施工人员安全帽智能定位，能在监控中心实时了解施工场地和隧道内人员的位置状态，实时统计施工场地和隧道内人员的数量，便于工作调遣，提升生产效率；在发生危险时，可依据人员位置分布信息快速救援（图2、图3）。

（三）自动识别现场隐患

盾构工程项目的施工现场交叉作

图1　智慧工地平台首页

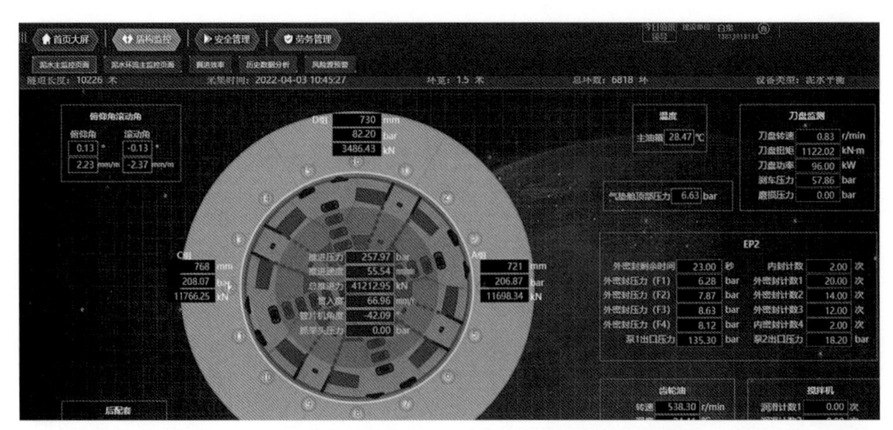

图2　盾构机主监控页面

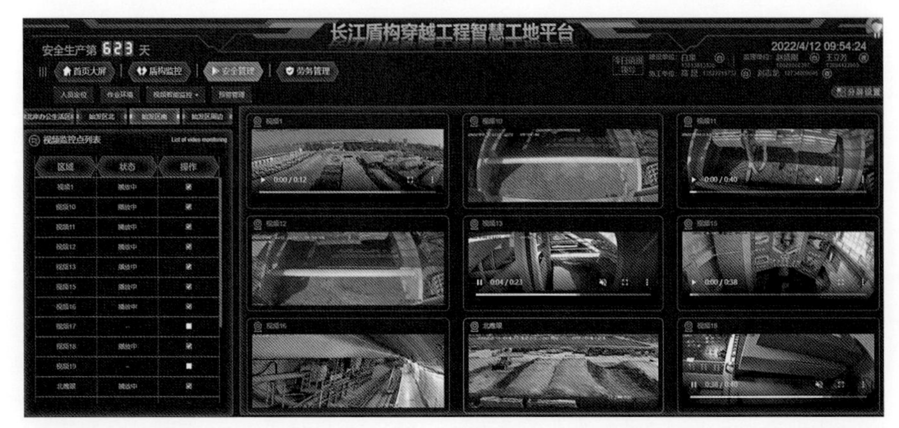

图3　盾构视频监控

业多、施工面积大，如果只依靠人工进行环境检查和工人管理，那么难免会因为一时疏忽而出现各类问题。智慧工地监控中心在实时监控的同时，实现视频存储功能，将摄像头拍摄的现场实时视频传送到智慧工地管理平台。视频监管区域实施全方位立体监控体系，采录实时高清视频数据，对重点时段、重点施工作业现场等进行全面监管，并提供佐证。

系统可设置于通道外或作业区，通过视频自动识别现场施工“低老坏”、违规操作等不符合项并发出警告。警告信息同步推送至管理人员，同时截取图片作为证据留存。不符合项识别系统极大地提升了作业区域的管控效率，起到了强大的震慑作用，保障了作业人员的安全。监理工程师通过智慧工地视频监控系统就能实时看到施工现场环境，其次还能及时发现施工中出现的各类隐患，一旦发现隐患可以立即启动本地预警，让现场工作人员及时消除隐患，减少工程事故的发生。

二、执法记录仪

执法记录仪具有拍照、录音、录像功能，其佩戴方便，使用简单，能够对项目现场进行动态、静态数字化记录，并能实时储存、回传影像资料。监理人员在施工现场巡视、检查、验收时需佩戴执法记录仪，可有效地记录监督检查过程影像资料。例如，监理工程师在施工现场检查验收新进场设备，盾构机刀盘常压刀具更换，进场物资钢筋、水泥、膨润土、硅粉等见证取样，钢筋混凝土隐蔽工程施工等监督、巡视、检查验收等工作时，对重点部位和重点工序可录像保存，保留工作过程证据，录像资料保存在执法仪内置的存储卡中，安全可靠。

监理工程师在日常巡查过程中，针对存在争议的问题，监理部总监可查看执法记录仪录像视频，弥补了监理工程师在工作中的疏漏，能及时消除隐患，降低施工风险。同时，通过执法记录仪可以规范监理的现场行为，施工单位对监理指令的执行力度、及时性均有所提高。

三、二维码交底

对施工现场人员、施工交底、特种设备和消防器材等方面运用二维码进行统一管理，促进全员“码上知道”，有效提升项目管理效率。例如，质量安全技术交底是指导作业人员的重要保证，该交底是针对此项作业的质量、安全操作规程和注意事项的培训，并通过书面文件予以确认。施工前，施工单位应按批准的施工组织设计或专项安全技术措施方案，向有关人员进行安全技术交底。

监理工程师要求以二维码信息化技术交底将各专业技术交底内容置于二维码中，通过集成式、可移动的体验，改变了过去书面交底或配以现场口头交底内容陈旧烦琐、形式枯燥乏味，以及工人往往不想看、看不懂、记不住的不利现状。二维码技术充分发挥了其方式更新颖、传播更快捷、制作更方便、成本更节约的优势，现场作业人员在进入工地前只需拿起手机微信“扫一扫”就能快速查询到各工序施工工艺和质量把控要点。相比于传统的纸质资料，二维码交底方式能够进一步提高工作效率，节约项目成本，提升现场管理水平。

四、自动化监测

盾构法因其具有对周围环境影响较小的优点已成为新建油气管道主要施工手段，因此，在地质条件复杂、周边环境要求严格的条件下研究隧道施工对邻近建筑物的影响具有十分重要的意义。施工过程中的监控量测与反馈控制是盾构施工对邻近建构筑物影响的重要控制手段，即在盾构施工过程中，监理工程师通过去现场对大量施工及监测信息进行采集、分解、分类以及处理。这是一个动态跟踪的过程，不能及时处理监测信息和信息化指导施工。

自动化监测数据采集系统是以施工参数优化为内核，以地上监控中心为载体集成，实现远程自动化获取大量如隧道内净空收敛、拱顶沉降、拱底沉降、平面位移等监测数据，并对监测信息采集、分解、分类以及处理，提取施工参数中影响施工质量的控制变量及其对应的信息因子，通过渐进逼近的方法将控制变量进行全过程调整和优化，指导整个盾构施工过程。监测控制标准按照设计图纸结合相关规范最终确定的标准进行控制，现场监测成果确认达到报警状态时，系统会立即将风险信息自动报送相关部门，及时进行预警响应和处置。同时，依据上一步施工监测信息及施工参数的变化，判断下一步施工工况及其对策，使得“地下”与“地上”真正联动，及时反馈数据，使监理工程师实时了解监测信息，发布各种指令，协调各方关系，确保盾构下穿建构筑物沉降可知、险情可控、统一联动、协调促进。

五、安全帽定位芯片

智能安全帽中安装集成NB-IoT、蓝牙、GPS等技术的智能芯片，实现对工地人员的主动管理，包括人帽合一、区域定位、安全帽佩戴检测、临边防护特种作业等，智能安全帽能自动“感知”区域真实施工作业情况，具备主动报警提醒和需求救助功能。安全帽定位芯片的应用，可以有效提高监理现场项目管理效率，保证工程质量安全整体受控。

1.“人帽合一”。新进场作业人员前往物资部门登记，领用安全帽，并由工作人员录入人员的个人信息，包括姓名、年龄、人脸图像、状态、培训、教育状况等，并将帽内芯片与帽子编号绑定。人员进场时，摄像头抓取人脸，判断人员的面部特征与芯片内的人脸图像信息是否匹配，若匹配成功，则允许进场；若匹配不成功，或无法识别人员的面部特征，则不允许进场。

2.“轨迹跟踪”。当人员在施工现场或者盾构隧道内，在危险区域遇到紧急情况时，安全帽自动发送一条位置信息到平台，以便及时处置。同时，平台汇总人员在一定时期内的位置信息，生成人员轨迹，可根据人员轨迹来辅助判断工人有无违章行为。

3.“区域告警”。GPS和黄色色谱工地标识模块为人员提供基础定位，在基础定位区域内，势必存在特殊作业区、危险区等二级定位（告警）区域。人员在GPS和黄色色谱工地标识模块覆盖下，移动靠近警告区域（如红色色谱工地标识模块），则系统在平台端和安全帽端发起告警，同时，安全员客户端收到提示信息。

4.“一键呼叫”。人员遇到危险或异常情况时，可按下安全帽内“一键呼叫”按钮，后台收到警告提示，系统管理员可调阅发起一键呼叫的人员信息和联系方式，由相关人员与该人员联系或安排现场巡查。

结语

基于长距离盾构隧道施工的监理项目管理信息系统+智慧工地平台采用先进的计算机网络通信、信息处理、视频监控技术及智能设备，加强了盾构隧道施工现场的质量、安全管理。对施工操作工作面上的各安全要素等实施有效监控，保证了施工质量、施工人员的人身安全和工地的建筑材料及设备的财产安全；同时减少了监理管理人员频繁地往返现场去监督检查，以及管理上造成的困难；提高了监理工程师工作效率；消除了盾构隧道施工安全隐患。监理工作真正做到了在效率、质量、安全等方面的提质增效，实现盾构隧道工程监理工作监管方式的创新。

参考文献

[1] 黄明利．建筑施工工地智能化系统设计及应用[J]．民营科技，2014（7）：200．
[2] 顾威．沈阳工地用工管理智能化[J]．农村百事通，2013（16）：68．
[3] 朱贺，张军，宁文忠，等．智慧工地应用探索：智能化建造、智慧型管理[J]．中国建设信息化，2017（9）：76–78．
[4] 闻江，朱启立．中建二局三公司：打造现代2.0标杆智能化工地[J]．建筑，2016（17）：46–47．

信息管理系统在监理工作中的应用

翟栋绪　朱利业　刘　鹏
山东同力建设项目管理有限公司

摘　要：近些年，随着建设领域BIM信息技术、信息化办公系统、视频监控系统、无人机GIS系统等新型信息管理技术的不断推广和普及，使整个信息管理系统更加全面地覆盖于建设工程各个领域，尤其是监理行业作为参建各方信息交流的窗口，不仅肩负着建设工程质量、造价、进度控制、合同、信息、安全管理、参建各方关系协调的责任，还具有不断探索和践行信息管理系统在建设过程中科学运用与普及的义务。

关键词：监理；数据采集；协调；现场管理；信息模型；优化

引言

在建筑过程中，需要多专业联合进行工程管理，如何实现参建各方与各专业之间的信息共享，提高项目的信息价值，避免由于信息不对称、数据采集滞后、沟通途径受限、指令传达误差等导致的问题，在监理工作中加强信息管理系统的运用则显得尤为重要。信息管理系统可以科学便捷地进行多方沟通，实现多学科信息资源的共享，减少传统人工的冗杂工作量，对建筑过程中的指令能够快速实现上传下达，保障后期建筑施工中的进度，提高工作的信息协调与传达效率。

一、数据采集在监理信息管理系统中的应用情况

现阶段建设工程监理信息化运用公司服务器、手机客户端APP、PC端开展数据收集工作，利用门禁闸机进行人员到岗履职打卡；利用环境监测系统对工地扬尘和周围大气环境进行实时监测；利用喷淋联动系统进行物理降尘；利用视频监控和激光定位等数据对深基坑实施全天候监测，以消除重大安全隐患；利用塔吊智能螺栓、塔吊激光定位、塔吊飞行事故记录器、塔吊设备司机识别、可视化等数据对垂直运输的安全管理进行监督；利用无人机、视频监控及智能穿戴设备等进行巡视、平行检验、旁站、见证取样等活动大大提高了工作效率和记录的准确性。

二、信息化管理系统在监理工作中的作用

（一）提高精度，降低误差

数据监测的精准性大大降低了人工信息传递出现的误差和减少了纰漏。目前，监理信息化管理水平随着科技的发展在逐步完善和提高，监理信息化应用需要建筑工程结合工程建设实际需求来增减人员，同时降低工程设计与施工管理的复杂性。在以往的建设工程监理信息化应用中，对于信息录入通常都是由人工操作完成的，然而相对功能较完善的信息化系统建设并不全面，而且信息管理方法也较落后，监理单位通常需通过数据采集来保证其精准性。信息反馈和信息采集的自动化集成系统，彻底代替了人工操作，解决了建设工程信息数据人工处理效率低、监管不严、监管不精细的问题，有效进行建设工程监理信息协调。信息数据在手机APP中自动化集成，可以在管理中严格依据相应规定，做好工程施工现场管理工作，从而高效、准确、精细地完成现场信息数据采集工作。针对当下建设工程监理，充分

利用监理信息管理系统实现施工管理全覆盖。通过专业人员的引导，能够对工程施工监理工作做好及时反馈，使后续工程质量的监测得到进一步跟踪和完善。对工程管理系统进行全过程监理，可以弥补传统人工管理中的不足，达到减员增效、精准把控的目的。

（二）信息可追溯

在工程建设过程中，利用信息化检测工程管理系统来管理信息，能够更好地引导内部结构进行优化；在发展中对企业经营加强渗透，更高效地实现建设工程监理自动化管理的使用；信息化检测工程管理系统包含的检测内容有原材料的理化检测和焊缝检测，实现理化信息合理沟通应用；利用建设工程电子化检测法，来演示管理中重要运行方案，提高信息化系统的应用；通过文档共享、业主抽检、监理抽检、监督检查，对企业内部加强管理、重视发展、做好信息化系统规划等工作，能够有效提升企业信息化应用效果，企业经济实现最大化。例如，某供热管网工程项目的监理工作，因供热管网项目的特点，分段施工，工程分布较长，且工期短，工程量巨大，五个月内完成全长 18km 供热供回水管道直径 1200mm、壁厚 16mm 螺旋焊接钢管，焊缝 2400 道，每条焊缝约为 3.8m，且要求焊缝 100% 进行 X 射线探伤。针对此项目，监理如何做好信息管理和现场质量控制，就需要科学的信息系统管理来协助监理展开工作。通过监理信息系统手机客户端 APP，首先建立起二维码检索目录，监理人员将所有管线进行编号，管线编号有高度对应的关系链，管线原材料螺旋焊接钢管进场经监理、施工、供应商三方验收合格后，进行原材料台账登记编号，并做好见证取样。管道吊装就位后，做好登记并留影像资料，焊接工人施焊前进行登记，焊接完成后进行 X 射线探伤，得到焊接探伤合格结论后，方可进行下道工序施工。综上所述，工程实施后通过扫描二维码方可检索出原材料进场验收情况、管道安装位置、施工时间、实施焊接工人情况、成品焊缝探伤情况，对整体的质量情况做到全面分析把控。最终将所有管线资料汇集一体，形成可追溯、真实的资料，以备后查。

（三）资源合理配置及人才培养

在建设工程管理中的人员培训环节应用信息化管理，使数字化技术成为提升工作成效的重要手段，不仅提高信息化应用效率还可增强工作人员的数字化技术应用能力，培养出综合高素质人才，在多种业务相融合的情况下，能够实现资源合理配置，促进数字化网络的合理创建。

把企业内的信息管理系统应用于工程建设中，可以实现对信息、人力及资金的有效规划和协调；通过互联网技术的应用，完成网络招标、网络采购，大幅度地降低采购成本；对管理业务及信息技术进行整合，有效提升建筑企业管理成效，由此对资金实现统一规划，并有效完成资源合理配置，大大提高效率。

通过应用自动化技术，能够避免监理信息监管产生以往在人工管理上的不足，由此避免误入基层误区。在工程前的招标环节中，可把网络信息技术有效地应用于工程前准备，同时全面实施信息化管理，并对信息监理技术规范实施。在信息化管理中，不只是把信息管理硬件应用于日常事务，还需利用信息技术本身的集成特点，加强信息交流，提升信息化技术的互动性。

企业竞争就是技术与人才的竞争，通过信息管理系统加强人力资源建设，持续完善人才培训制度，培养人才的综合能力。在工程建设过程中，对人才培养加大重视，创设多层次和多途径的信息化人才培养机制，促进施工监理实现信息化，由此培养出专业化信息管理人才，为建设工程监理信息化的有效应用奠定基础。

（四）协调各方，提高信息交流

在建设工程管理中，各参建单位能够通过信息化办公系统相互沟通合作，有效制定信息化应用标准，并结合标准来对硬件进行改善和优化。除此之外，还需对信息化加强宣传，由此提升信息交流效果，并不断提高建筑管理信息化水平，确保建设工程监理信息化能够在建筑工程实施中加强动态管理。在确保工程整体建设可以协调一致的情况下，对不同机构实现信息化。

在建筑企业中设置信息管理部门，从整体上对工程施工中的监理信息实现高度融合和高效收集，以充分做好组织协调工作。依据管理及规划，确保在规划方针下逐步实施，弥补现有信息化工程管理中的不足，加强信息管理安全性，由此更好地健全制度，推动工程监理实现信息化，并做好管理规范对策。

三、信息管理系统推进现场管理工作智能化

当下智能化建筑工地是基于互联网和理论实施的，充分利用云计算、传感技术、人工智能、信息化技术，促进工程现场重要设备、各层级人员管理和绿色施工等有效融合。与以往建设工程行业相比，智能化建筑工程监理信息化在安全生产和全面治理方面对工程施工现场加强了管理，通过使用现代化技术，

对工程施工现场实施一体化的信息化监理，由此使得监理工作更加高效。

在智慧工程信息化监理中，将传感技术和模拟现实技术合理地应用于建筑工程机械和人员及安全管理中，促进各类物体实现互联，由此构建物联网。建筑工程管理人员与工程现场的施工技术人员，需应用更好的方法提高交互方式应用率，以更好地呈现出交互效率及响应速度。施工现场视频监控系统全覆盖，不仅可以使监理工程师全方位地掌握现场的实时动态，还可以时刻观测和记录重点部位和工序的实施过程，从而提高监理人员的工作效率和专业度，提升监理服务的质量和水平。

四、信息管理系统在监理工作中的优化

智能建筑工程监理主要能够进行现场 VR 展示、视频监控、大体积混凝土测温、便捷临边及安全防护等工作，通过这些操作对施工现场的施工情况数据进行采集和分析。近几年，无人机测绘技术逐渐兴起，凭借它机动灵活、高效快速、精细准确、作业成本低、适用范围广、生产周期短的特点成为测绘行业“新宠”。使用无人机收集施工现场内各方面信息，根据各类情况进行无人机巡视、旁站，利用软件进行建模，实施数据采集与信息分析，由此辅助监理进行数据统计、风险分析与防控等。在达到建筑现场的精细化管理情况下，对环保系统和安全事故的防护系统及施工管理系统进行完善。智能地辅助工程管理人员实施科学检测，由此促进建筑业实现信息化升级。智能工地监理方案主要是以互联为基础，充分发挥施工优势，对工程进度、材料和人工加强监管，使建筑企业和相关行业能够实现信息共享。

在信息化系统使用过程中还有许多可以提高和改进的方向。项目管理系统要基于信息化、移动互联网、物联网、电子地图、定位、摄像、扫描等技术，实现现场管理人机料法环查的定位、文字、图片、视频等的收集、存储、记录，实现现场管理工作有迹可查。管理系统应系统包括手持移动工具前端 APP 采集系统、PC 后端管理系统以及总部管理部门的控制显示系统。

系统首先要面向监理部，现场专业工程师通过手持信息化 APP 进行巡视、旁站、平行检测、见证取样、资质或方案审查、材料设备验收、进度控制、质量验收、危大工程巡查等完成项目日常管理工作，及时上传现场管理工作实况，采集的图片、视频等，以及记录位置，还需上传日志、巡视、旁站、验收等内容。

项目负责人，可通过信息化管理系统，实时监控施工现场施工、专业工程师的工作轨迹，并可实现实时状况及轨迹回放。根据现场管理人员采集的文字、图片、视频及记录位置等，进行汇总和分析，及时了解现场施工及监理、咨询、项管等情况，实现全过程现场管控，全面掌握施工、管理人员的工作轨迹、上传的管理工作内容，实时把控现场安全及质量。

通过实时地图，可在地图上直观地查看所有现场施工、监理人员的工作位置。

同时，监理、全过程咨询、项目管理等不同项目内部可以互相交流，项目负责人还可以向专业工程师发送指令，要求专业工程师把现场发现的问题以文字、图片、视频方式上传服务器，便于及时了解现场情况。

项目管理系统，可以为一线专业工程师提供技术支持和咨询服务，对疑难问题提供专家团队帮助，如使用 BIM 技术建立三维模型，将项目信息输入三维模型中，通过各个专业模型的整合，进行管线设备碰撞检查和模型之间冲突检查，将所发现的冲突形成报告反馈到各参建方进行沟通交流并提出解决办法，使一线工作专业化、标准化。在竣工交付时，BIM 技术将收集的过程数据自动整理为规范的文档资料，使工作数据信息化、标准化。

总部管理部门的控制显示系统，在公司总部通过系统即可实现督查的目的，是对更高权限提供指挥和督办的系统通道。

结语

信息管理系统作为建设行业的基础性技术工具，从信息采集、信息提取、信息传达，到信息协调、信息反馈，再到高效化、智能化管理，信息管理系统的身影无处不在，其优势在于将监理过程中的数据进行收集、存储、分析和应用，以实现监理过程的高效化和智能化，实时监控工程进度、质量和安全，提供更为准确的数据支持，提高监理效率，降低监理风险。

参考文献

[1] 韩晓东．建筑施工管理中的信息技术应用[J]．住宅与房地产，2018（3）：132．
[2] 李玫．建筑工程施工项目的信息化管理建设思考[J]．智能建筑与城市信息，2020（5）：41–42．
[3] 陈杨．建筑工程管理中信息化技术的应用策略[J]．住宅与房地产，2020（3）：118．

浅谈大跨度、大空间拱形钢桁架监理质量控制要点

李旭阳 杨少杰
河北中原工程项目管理有限公司

摘　要：大跨度、大空间拱形钢桁架结构在建筑施工中因其跨度大、单构件重量大、拼装精度高等特点，其安装技术一直显得至关重要。监理部结合现场实际施工情况，总结出了一套符合本项目施工特点的大跨度钢桁架的拼装焊接控制要点。

关键词：钢桁架；拼装、焊接施工；监理质量控制要点

引言

近年来，我国经济蓬勃发展，各式各样的结构复杂、跨度超长的钢结构项目越来越多，尤其是在市政公建项目中得到了广泛应用。因钢结构的形式多样、简洁，造型美观，施工工期短等特点越来越受建设方的喜爱，钢桁架作为此结构类型之一，其拼装焊接质量控制更是监理工作内容的重中之重。

一、项目概况

某新建项目建设内容为：体育馆1座，地上建筑面积15889.77m^2；游泳馆1座，地上建筑面积7767.9m^2；架空走道641m^2；地下停车场及设备用房18429.84m^2。体育馆钢桁架最高处标高25.1m，游泳馆钢桁架最高处标高21.6m，主体是混凝土框架结构，屋面是钢桁架结构。

体育馆、游泳馆屋面为钢桁架结构。南北方向均为主桁架，东西方向为次桁架，体育馆工程共12榀主桁架、5榀次桁架，游泳馆工程共8榀主桁架、6榀次桁架。主桁架两侧采用次桁架相互连接组成的椭圆形空间稳定结构，项目桁架均为倒三角形状，主、次桁架采用相贯焊接的方式进行连接。两馆主桁架最大长度为92.182m，主桁架最小长度为48.354m，钢桁架最高处标高25.1m。

二、施工前监理控制要点

（一）深化设计图纸的审核

钢结构图纸一般由钢结构制作单位或原设计单位进行二次深化设计，监理单位应对其二次深化设计图纸进行审核，认真核对是否存在原图纸设计内容，如涉及内容修改，应取得原设计单位同意，并办理相关设计变更文件。

（二）图纸会审和设计交底

监理人员审查设计图纸，应先粗后细，先全面后局部，先一般后特殊，审查内容包括：①设计文件是否完整，是否与图纸目录一致，设计图纸与设计说明是否齐全；②图纸中抗震设计强度是否与当地实情相符；③防火、消防能否满足要求；④施工图中的几何尺寸、平面位置、标高、轴线等是否与结构图纸相符；⑤审查错、漏、碰；⑥图纸的图号、图签是否齐全、正确，各个材料的尺寸以及具体详图、节点图是否明确施工做法；⑦图纸中选用的材料，是否能满足工程需要，当地市场是否便于采购，如采购困难，是否有替代材料；⑧如工程施工采用了新型材料、新兴工艺，首先应考虑现场应用是否可行，其次有无对技术参数进行明确，施工的技术标准、质量要求是否标注明确、清晰；⑨设计图纸是否存在与其他专业矛盾的设计内容或无法施工的设计做法，或进行本工

序施工易导致出现质量与安全隐患的内容；⑩施工图纸中采用的规范、标准图集是否是最新版本，是否与工程相关；标准、图纸编写是否缺少，找出工程施工中存在的重点、难点，与设计人员进行沟通，了解工程特点并充分理解设计意图。

（三）专项施工方案编制与审核

项目要求钢结构承包商或总包单位应在钢结构工程实施前，提供一份详细的专项施工方案，监理人员应审查其中是否详细规定了所有计划进行的制作安装程序、方法和工程制作安装中的对外验收项目，如施工周期长，温度变化较大，施工方案中应特别说明温度和施工误差对钢结构施工质量的影响。

项目主桁架跨度最小为48.354m，最长跨度为92.182m，根据住房城乡建设部发布的《危险性较大的分部分项工程安全管理规定》（住建部令第37号）显示，跨度36m及以上的钢结构安装工程，或跨度60m及以上的网架和索膜结构安装工程属于超出一定规模的危险性较大的分部分项工程，故项目需要针对钢桁架工程编制超出一定规模的危大工程专项施工方案并组织专家论证。监理单位审核专项施工方案并参加专家论证是一项重要的工作，其主要目的是确保工程施工的安全可行性，针对专项施工方案内容审核的必要点包括：①是否提前识别潜在风险因素，并对以上风险因素进行充分考虑，采取相应的措施来降低风险；②在审核专项施工方案的过程中，需要对专项施工方案内容进行评估和比较类似施工方案，并进一步优化施工方案，提高施工效率，保证施工质量；③专项施工方案计算书和验算依据、施工图是否符合有关标准规范；④专项施工方案内容是否完整、可行；⑤专项施工方案是否满足现场实际情况，并能够确保施工安全。

（四）分包单位资格审查

①审查分包单位资格报审资料，包括营业执照、资质证书、安全生产许可证等，营业执照主要查看其经营范围是否包含分包专业内容，资质证书要重点审查其资质类别及等级是否满足分包要求以及证书是否在有效期内，安全生产许可证需重点查看其许可范围及有效期；②分包单位资格报审中应包含分包单位业绩，以证明分包单位具有施工此类项目的施工能力；③分包单位专职管理人员和特种作业人员的资格证书，必须含有符合施工要求的技术人员，特种作业人员必须持证上岗；④施工单位对分包单位的管理制度是为了加强总包单位对专业分包队伍的管理，使所选择的分包单位能满足现场专业施工的要求，以确保整个工程质量和进度，保证对分包队伍的管理更加规范有效，达到统一管理、规范施工的效果。

（五）施工单位的技术交底和安全交底

施工技术交底中应明确施工范围，如在施工中投入的人力、物力，施工的工艺、方法、步骤、关键点的处理等，同时明确质量目标、安全防护措施等；施工前，检查施工班组是否按照技术方案与交底中的要求进行了施工前的准备，包括必要的材料、工具、防护用品是否配备整齐。

安全技术交底应明确工程施工过程中存在的高危风险部位，针对易发现安全事故的施工工序注明具体预防措施，应注意的安全事项以及相应的安全规程和标准，出现安全事故后应采取的避险和急救措施。现场所有的施工作业人员必须交底到位，使每一个作业人员做到四个明确：明确施工程序、操作方法；明确施工中的主要危险因素；明确应遵守的安全技术规程和采取的防护措施；明确自己的安全职责和有关的应急方法。最后查看签字手续，严禁他人代签，防止事故发生后互相扯皮、责任不清。

（六）第三方实验室的选定

审查拟选用的实验室资格是否符合工程需要，根据见证取样专项施工方案内容，对实验室可检测项目进行核对，复核其是否满足项目复检的需求，其中需进行复检的项目有：钢结构原材检测、焊条焊丝复检、焊接工艺评定、焊缝无损探伤、高强度大六角头螺栓连接副的预应力检测、高强度螺栓连接摩擦面的抗滑移系数检测、防火材料的防火性能检测等。

三、监理控制要点

（一）原材的质量控制

1. 项目杆件截面圆钢管直径（mm）×壁厚（mm）分别为：121×6、140×6、180×8、219×10、245×10、273×10、299×12、351×12、377×14、377×16、402×14、402×16、450×16、450×20、480×16、480×22、530×16、530×22、560×20、560×25。钢桁架的原材料质量直接决定了最终成品的使用质量，为保障后续钢桁架的整体施工质量，应根据相应规范的规定进行复检。

2. 监理质量控制要点：①对杆件原材进行外观检验、存放、标识、复检、验收等环节的监督，以及材料供应商的资质和产品质量证明文件审核；②对杆件原材、焊接材料进行见证取样送检，送至第三方实验室进行材料质量复检，查看其复检报告内容，合格后方可进行原材杆件加工。

（二）钢桁架管件加工

因钢桁架结构受体积大、运输超高超宽等影响，项目管件加工采用在加工厂加工成散件，然后把管件运输至现场指定位置，进行拼装的施工方式。这就要求加工厂在使用数控相贯线切割机下料时，精准控制管件的坡口、贯口、长度等参数，保证圆管贯口切割坡口成型光滑，方便施工拼焊作业。大构件采用大型卷管机进行控制卷管弯弧制作精度，以达到对管件精准加工的目的。

1. 焊接工艺评定：项目采用的是等强焊接，主管焊缝质量等级为一级，腹杆焊缝质量等级为二级，钢桁架拼装施工前，组织现场具备焊接专业资质的焊工进行原材试件焊接，并把试件送至第三方实验室进行焊接工艺评定。在焊接工艺评定报告显示合格的情况下，根据焊接工艺评定报告中的数据确定相应焊接工艺参数，由持证电焊工进行焊接作业，焊接结束后，焊缝应圆滑饱满，余高满足要求。

2. 起拱量：钢桁架加工厂应提前考虑钢材起拱后的反弹量，以及运输过程中可能对管材挠度的影响，灵活加大深化设计图纸设计的起拱度，当设计未要求起拱时，建议增大起拱量 10mm；当设计要求起拱时，建议增大起拱量为钢桁架总长度的五千分之一，并在加工厂进行预拼装，测量拼装完成后钢桁架挠度大小，以便确认后续管材加工起拱度的大小，直至起拱度符合设计图纸要求。

3. 钢桁架管材加工长度：钢结构管材，尤其是大跨度钢桁架拼装，钢管材料受外界自然温度热胀冷缩的影响，需要考虑钢桁架应在同一环境温度条件下施工。项目采用的是现场拼装的施工方式，故增加了对管材加工的精准度要求，总体长度超出规范要求范围必须要求加工厂重新加工，耽误工期的同时又增加了施工成本。总体管材长度加工时，应留意主管件焊缝间隙的大小，一般预留缝隙宽度为 3~5mm，此处应根据焊缝的数量计算进整体桁架的尺寸中。

4. 监理质量控制要点：①一榀钢桁架所使用的杆件数量大，要求加工厂根据图纸对杆件进行逐一使用钢印或喷涂编号在杆件上，方便进场验收及工人拼装使用；②项目主管经加工后均带有一定弧度，在进行杆件进场验收时，对带有弧度的杆件应着重检查其圆度；③因项目主管是拼装焊接而成，细微的对接角度偏差都将影响整体桁架的起拱高度以及施工质量，故要求加工厂对每节杆件的上下弦、第几节、每端对接第几节以及对接角度进行标记，以免使用错误。

（三）管件进场及拼装

1. 预拼装分为加工厂内预拼装和现场预拼装两个阶段。加工厂内预拼装阶段在完成首次预拼装后，应认真复核各项尺寸，管件相贯线是否合适，管件中心线是否相交于一点，起拱高度是否符合图纸设计要求，考虑运输过程中会出现形变，最好达到规范允许上限。场内预拼装完成并检查合格后，对桁架所有杆件逐一进行标记，标记内容必须包括相邻杆件标号、对接角度、本杆件标号及安装位置。

2. 项目主桁架跨度均在 40m 以上，最长跨度可达 92.182m，上弦主管间距均在 2.5m 以上，考虑到体积过大以及运输过程中易发生不可控形变等因素，决定采用加工厂对管件进行加工至散件，运输至现场进行拼装施工的方式进行施工，同时工程桁架拼装构件多数为圆管，造型为具有 1m 以上的起拱的倒三角形状。为了能够在预拼装完成后进行细部调整钢桁架个别管件的位置，现场设置了具备微调装置的专用胎架，拼装过程中使用全站仪、水平仪对管件位置进行实时监控，做到发现问题随时整改，以保证现场安装精度。

3. 钢桁架胎架采用立体式钢架，管材之间采用等强焊接拼装，完美模拟了吊装完成后的钢桁架受力情况。

项目拼装顺序为先行预拼装，主管及腹杆进行点焊，由监理单位对其主管弧度、腹杆定位等进行验收合格后，方可进入下一道满焊工序。

4. 监理质量控制要点：①加工厂加工管材之前，先行要求施工单位对使用的原材进行取样送检，监理单位进行见证，待检测合格后方可允许加工厂对管材进行加工；②钢构件进场验收，应严格落实三检制，分别为出场验收、进场总包单位验收，以及监理单位最终验收；③监理单位进行进场验收时，应对照图纸管件编号逐一验收，查看其壁厚、坡口等是否加工到位，避免存在质量问题的构件进入拼装流程，影响拼装进度；④为保证施工进度，缩短因管件不合格导致退场延长的工期，可由监理驻场监造验收，做好每批次的验收记录；⑤对钢桁架主管和腹杆位置定位的验收尤为重要，主管采用双向定位，竖向距离使用水准仪进行标高测量，并计算其高差，横向间距采用吊坠盒尺进行测量，与图纸数据进行对比。

（四）杆件的焊接

1. 钢桁架主管及腹杆的壁厚分布为 8~25mm，现场焊接采取开坡口加衬管的形式，坡口角度为 45° 的等强全熔透焊缝，主管焊缝质量等级为一级，腹杆焊缝质量等级为二级，现场桁架结构连接节点全部是相贯焊接，焊接量大；项目采用多层多道焊接的方式进行，焊接结束后由具备相关检测资质的检测单位进行内部缺陷探伤和焊缝外观检查，若有不合格焊缝应立即组织作业人员进行返修直至合格，但同一位置缺陷返修不得超过两次，同时，屋顶桁架安装属于高空作业，焊接难度大且对焊工焊接水平要求高，故采用以下措施进行施工：

①桁架尽量在地面整段安装，减少高空焊接量。

②高空焊接搭设防风罩，保证焊工焊接安全。

③焊工必须持证上岗，严格按照焊接工艺评定要求焊接。

④钢管对接时要求完全熔透焊接，并通过无损探伤后方可进行下道工序。

2. 监理质量控制要点：①钢管桁架结构相贯节点焊缝的坡口角度、间隙、钝边尺寸及焊脚尺寸应满足设计要求，当设计无要求时，应符合现行国家标准《钢结构焊接规范》GB 50661—2011 的规定；②钢管对接焊缝的质量等级应满足设计要求，当设计无要求时，应符合现行国家标准《钢结构焊接规范》GB 50661—2011 的规定；③钢管对接焊缝或沿截面围焊焊缝构造应满足设计要求，当设计无要求时，对于壁厚小于或等于 6mm 的钢管，宜用 I 形坡口全周长加垫板单面全焊透焊缝；对于壁厚大于 6mm 的钢管，宜用 V 形坡口全周长加垫板单面全焊透焊缝；④钢管结构中相互搭接支管的焊接顺序和隐蔽焊缝的焊接方法应满足设计要求；⑤杆件焊接的焊缝应圆滑饱满，焊缝余高满足规范要求，在焊接区域冷却后应将焊缝两边各 100mm 区域打磨清理干净，认真除去飞末与焊渣，并认真采用量规等器具对外观几何尺寸进行检查，不得有低凹、焊瘤、咬边、气孔、未熔合、裂纹等缺陷存在，一级焊缝要求达到二级外观，二级焊缝要求达到三级外观。

四、验收阶段的质量控制

在单榀钢桁架施工完成后，监理人员应及时组织对钢桁架的质量进行评估和验收，验收过程中，严格按照质量标准和技术规范进行验收，对发现的质量问题要求施工单位及时整改，不能因为施工过程中对其管件位置或轴线预验收而简化验收步骤，同时做好验收记录，确保工程质量的可追溯性。质量控制是工程监理工作的重要环节，监理人员应始终保持严谨的工作态度，通过不断加强自身的技能和专业知识，为建设高质量工程发挥关键作用。

结语

大跨度、大空间拱形钢桁架拼装过程中，整体的质量控制在于现场科学规范的管理以及施工的精准度。总的来说，钢桁架质量控制的要求在于严格把控每一个环节，确保每一个细节都符合质量要求，从而保证钢桁架的整体质量。本文重点总结和讨论了大跨度、大空间拱形钢桁架结构拼装施工的监理工作控制要点，希望能给各位监理同仁提供一定的参考。

参考文献与资料

[1] 钢结构工程施工质量验收标准：GB 50205—2020[S]. 北京：中国计划出版社，2020.
[2] 钢结构焊接规范：GB 50661—2011[S]. 北京：中国建筑工业出版社，2012.
[3] 住房城乡建设部办公厅关于实施《危险性较大的分部分项工程安全管理规定》有关问题的通知（建办质〔2018〕31 号）
[4] 董子华，席丽雯．工程监理 22 项基本工作一本通 [M]. 北京：化学工业出版社，2014.

对危大工程的监理工作的分析与思考

潘　乐
山西诚正建设监理咨询有限公司

摘　要：为加强对房屋建筑和市政基础设施工程中危险性较大的分部分项工程（以下简称“危大工程”）安全管理，有效防范生产安全事故，根据《中华人民共和国安全生产法》《建设工程安全生产管理条例》《危险性较大的分部分项工程安全管理规定》（住建部令第37号）和《关于实施危险性较大的分部分项工程安全管理规定有关问题的通知》（建办质〔2018〕31号）等规定，阐述了监理单位在危大工程的工作履职要求及关键工作内容，总结了危大工程监理的工作要点，并讨论提高危大工程监理工作的策略。

关键词：危大工程；监理工作；管控程序

随着经济快速发展，近些年我国建筑业生产规模总量很大，施工安全事故频发，给人民生命财产带来很大损失，特别是重大事故时有发生，社会影响很大。

因此，住房城乡建设部发布的《危险性较大的分部分项工程安全管理规定》对“危大工程”进行了定义，指房屋建筑和市政基础设施工程在施工过程中，容易导致人员群死群伤或者造成重大经济损失的分部分项工程。

一、危大工程中监理单位的工作职责及要求

监理单位应在危大工程管理工作中做到以下几点：①监理单位应审查施工单位编制的专项施工方案；②监理单位应结合危大工程专项施工方案编制监理实施细则，并对危大工程施工实施专项巡视检查；③监理单位发现施工单位未按照专项施工方案施工的，应当要求其进行整改，情节严重的，应当要求其暂停施工，并及时报告建设单位，施工单位拒不整改或者不停止施工的，监理单位应当及时报告建设单位和工程所在地住房城乡建设主管部门；④对于按照规定需要验收的危大工程，施工单位、监理单位应当组织相关人员进行验收，验收合格的，经施工单位项目技术负责人及总监理工程师签字确认后，方可进入下一道工序；⑤危大工程发生险情或者事故时，监理单位应当配合施工单位开展应急抢险工作；⑥危大工程应急抢险结束后，监理单位与各参建单位共同制定工程恢复方案，并对应急抢险工作进行后评估；⑦监理单位应当建立危大工程安全管理档案，监理单位应当将监理实施细则、专项施工方案审查、专项巡视检查、验收及整改等相关资料纳入档案管理中。

二、危大工程监理工作要点分析

（一）施工前准备工作

施工前准备工作是危大工程管理的重点。施工单位和监理单位均需做好充分扎实的准备工作，从而为危大工程施工做好准备，有效地预防安全事故。监理单位的重点是审查施工单位是否满足施工要求，施工方案是否符合规范要求和工程实际情况，施工人员、材料、机具是否符合危大工程要求。

1. 勘察单位根据工程实际及工程周边环境资料，在勘察文件中说明地质条件可能造成的工程风险，项目监理人员应查看相关文件说明，分析风险级别。

2. 设计单位应当在设计文件中注明涉及危大工程的重点部位和环节，提出保障工程周边环境安全和工程施工安全的意见，必要时进行专项设计。项目监理人员应查看设计文件，分析并确定项目涉及的危大工程或超危工程。

3. 审查施工单位企业资质和人员资格，安全和质量保证体系是否完善。检查项目经理在岗履职，专职安全员数量符合项目要求且在岗履职情况。

4. 施工单位应根据项目施工的特点，在工程开工前确定危大工程清单及超过一定规模的危大工程清单，并报监理单位审查确认。该项工作执行过程中，很多施工单位对危大工程辨识不清或不完整，造成危大工程管理工作遗漏，因此，需要监理单位积极引导，共同协助施工单位做好危大工程识别和分类汇总工作。

5. 施工单位应根据工程实际情况、设计勘察文件、相关规范要求和危大工程清单内容编制危大工程专项施工方案；方案编写及审核人员资格符合要求，编写程序合规，项目技术负责人在岗履职；完成施工单位内部审批手续后报监理部审查。该项工作是施工前准备工作的关键，很多施工单位不重视方案的编写和审核工作，方案缺少实质性意义，不具备交底条件或不能有效指导工程施工。这就需要监理单位主动作为、严格把关，引导协助施工单位技术部门根据工程实际情况编写危大工程专项施工方案，有效指导危大工程施工。

6. 监理单位应根据工程实际情况、设计勘察文件、相关规范要求及施工方案内容，编制危大工程专项的监理实施细则。监理实施细则同施工方案一样，都要具有指导危大工程监理实际工作的意义，因此需要监理单位认真查阅各项资料和工程实际情况，编制切实有效的监理细则以指导危大工程监理工作。

7. 若该项危大工程为专业分包，应审查专业分包单位企业资质及人员资格。组织架构、安全和质量保证体系均应完善。

8. 施工单位应按要求完成专项施工方案交底工作，保证各级管理人员和现场施工人员明白该项危大工程具体施工要求。由于方案交底工作是危大工程能否按方案实施的前提，因此监理单位应督促检查施工单位合格完成交底工作。

9. 危大工程施工前，监理人员应检查特种作业人员的特种作业证是否有效合格，不合格人员一律严禁进行特种作业施工。

10. 涉及危大工程的原材料、构配件及设备以及施工机械，监理单位应在施工前完成验收工作，对于不合格产品要求施工单位立即退场并更换合格产品，对于不满足现场施工要求的施工机械设备，要求施工单位及时更换。

（二）施工阶段监理工作

施工阶段监理工作是危大工程管理的关键。监理单位的工作重点是根据专项施工方案和监理实施细则要求进行现场巡视检查及验收工作。

1. 在危大工程施工过程中，基坑开挖时往往忽视开挖深度超3m的基坑（槽）土方开挖危大工程的管理。项目为追求进度，基坑一次性开挖完成，而后再进行基坑支护施工，这不符合方案和规范的要求，存在较大的安全隐患。因此，监理单位应在审查危大工程方案时重点审查是否编写土方开挖方案，土方开挖应与基坑支护施工配合，一般要求是先支护再开挖，或边开挖边支护，严禁土方开挖和基坑支护施工脱节，避免基坑坍塌的安全事故发生。

2. 高度超24m落地脚手架危大工程管控的重点，首先是脚手架基底承载力是否满足要求。很多项目地下室施工完成后，存在肥槽回填土施工不合格的问题，施工单位若忽视该问题，在回填土上或回填土表面硬化后搭设落地式脚手架，后期均会出现脚手架基底沉降，导致严重的安全隐患。监理单位在该危大工程管控前，应严格监理基底回填土质量，保证脚手架基底承载力满足要求，避免后期基底沉降带来的安全隐患，且该安全隐患问题较难整改处理，对项目整体进度等方面也会产生影响。

同理，模板支撑体系危大工程有时也存在上述问题。需要监理单位前期把控回填土质量，严禁施工单位野蛮施工，避免模板支撑体系基底承载力不足导致安全和质量隐患。

3. 钢管扣件式的落地脚手架危大工程和悬挑式脚手架危大工程，以及模板支撑体系危大工程。现在普遍存在钢管原材不合格的问题，主要是钢管壁厚不符合要求和使用过久锈蚀、损坏等。该问题直接影响架体的安全可靠性，因此需要监理单位严格验收进场的钢管原材及扣件，并应对钢管和扣件进行复试，验收合格后方可投入使用。

对于模板支撑体系危大工程中荷载较大，或高度、跨度较大，以及落地脚手架危大工程高度较高时，监理单位在施工单位编制专项施工方案时，应建议施工单位考虑钢管材料普遍存在质量问题的不利因素，用缩小杆件间距，增加剪刀撑、连墙件等措施预防安全隐患。

4. 起重吊装及起重机械安装拆除危大工程，起重机械的安全可靠性是管控的关键因素。监理单位在大型机械设备进场时要严格验收，注重检查起重机械出厂年限是否符合规范要求，是否定期完成安全检测和整机检测；在安装过程中，监理单位应检查安装是否符合专项安装方案和说明书要求，如不允许使用塔吊的标准节代替基础节安装等；检查各类安全保护装置是否安装到位。在监理起重机械安装的工作时，由于监理人员并非专业人员，个别检查要点并不能完全检查到位。针对此问题，个别公司和项目采取“作业前承诺、作业后问询”的方法确认安装作业人员按规范要求及安装说明要求合格完成安装作业。具体做法是安装作业前先完成安全技术交底等准备工作，然后要求安装作业人员签署承诺书，保证按要求完成安装作业，安装完成后，施工单位和监理单位共同对作业人员进行问询确认每道工序、每个构件安装可靠合格，符合使用要求。通过此项工作确认安装规范，符合使用要求。

5. 在施工阶段发现危大工程施工与专项方案或规范不符，存在安全隐患时，监理单位应及时通知施工单位并要求整改，同时签发一般隐患监理通知单要求施工单位整改回复。当发现重大安全隐患时，总监理工程师应及时签发重大隐患暂停施工令通知施工单位立即暂停隐患部位施工，并采取有效措施整改。整改完成后，施工单位报审重大隐患整改复工申请表，经验收通过同意复工后，方可继续施工。

（三）施工完成后的监理工作

危大工程施工完成后应及时完成验收工作，并完善相关验收资料。危大工程验收完成后仍需监理单位进行巡视检查工作。基坑工程要求第三方监测单位需按规范和方案要求及时监测并提供监测结果，同时要求施工单位也应组织监测工作。脚手架工程、塔吊及施工电梯等的使用，监理单位均需要加强日常巡视检查工作，检查是否安全可靠、是否规范使用等，督促施工单位及时进行维修保养工作，防止安全事故发生。

三、完善危大工程监理工作

危大工程监理单位工作关键是审查施工单位报审的专项施工方案是否符合相关规范、勘察设计文件、现场实际情况的要求，然后严格要求施工单位完成方案交底工作，最后就是现场实际施工中按照方案进行检查验收工作。因此，要求监理人员加强规范的学习，认真审阅勘察设计文件，现场需要监理人员腿勤、嘴勤、手勤。针对危大工程，监理单位一定严格要求施工单位，发现问题及时反馈、督促、闭合，才能更好地完成危大工程监理工作，防止安全事故发生。

结语

随着社会的发展，在建筑工程领域，政府监管部门对危大工程的管控更加严格，建设单位和施工企业也逐步完善适应行业的管理体系。作为监理单位，更应担当起社会赋予的责任，与时俱进，以创新思维、高效管理、高质量服务，创造出更大的社会价值。作为监理单位，要切实将危大工程从工程评估、汇总、编制、审核（论证）、审批到实施进行全过程、全方位管控，真正实现对危大工程高质量监理，为社会发展提供安全可靠的环境。

参考文献

[1] 陈卫国．基于危大工程的施工安全质量隐患问题分析与建议[J]. 绿色建筑，2022，14（4）：108–110.
[2] 曹立忠，黄斌陈，勇驹．浅论施工现场危大工程的管控要点[J]. 建筑，2021（14）：76–77.
[3] 卞建华．探讨如何实现对危大工程高质量监理[J]. 建设监理，2020（3）：69–72.

浅谈劲钢混凝土结构施工监理质量控制

段建萍　霍建忠
山西天地衡建设工程项目管理有限公司

摘　要：随着建筑科技的不断发展，对于跨度及荷载较大的框架结构、框剪结构或有一定特殊要求的建筑物、构筑物采用劲钢混凝土结构，用钢结构与混凝土组合共同受力来达到强度、刚度、抗震及美观等要求的方法应用越来越广泛。本文主要就监理人员对现场劲钢混凝土结构施工质量控制要点进行了阐述。

关键词：劲钢混凝土结构；构件；钢结构；混凝土结构；深化设计；施工工艺

引言

在现代建筑中，采用劲钢混凝土结构，不仅能减少钢筋混凝土构件的截面积，扩大使用空间，还能提高构件的强度，提高建筑物或构筑物的整体强度与抗震性能，既降低了工程造价，又提高了工程质量，故而被广泛采用。在施工中劲钢混凝土结构施工工艺要求较高，施工复杂，工种配合度要求高，质量控制难度大，监理如何做好现场质量控制，作者认为要做到以下几点。

一、劲钢混凝土结构概念

劲钢混凝土结构，也称型钢混凝土结构或劲性混凝土结构。劲钢混凝土结构是由型钢、混凝土和钢筋组成一体共同承载，即在钢构件周围或在钢构件内部配置钢筋混凝土或混凝土组合成劲钢混凝土构件；劲钢混凝土构件采用的基本构件多为劲钢混凝土柱、劲钢混凝土梁，以及钢板剪力墙、型钢—钢筋混凝土组合梁、压型钢板—混凝土组合楼板等；劲钢混凝土中钢构件分为实腹式和格构式，通常以实腹式为主，其型钢截面大多为“十”形、“L”形、“T”形、“H”形、“O”形等几种形式；其性能在同等强度下劲钢混凝土结构与钢筋混凝土结构相比，构件截面更小，使用空间更大，延展性更好，整体强度与稳定性及抗震性能更高。

二、劲钢混凝土结构施工工艺流程

钢结构构件加工→基础验收→钢结构柱及钢板墙安装→钢结构梁安装→钢筋绑扎→支模→混凝土浇筑。

三、做好事前控制对质量控制至关重要

监理人员应熟悉图纸，参加甲方组织的施工图纸会审及技术交底，明确设计思路与意图对后续的施工质量控制有着重要的意义。

认真审核施工单位报送的施工组织设计及各项专项施工方案以及钢结构深化设计方案。监理工程师应审核施工单位的报审程序，审核其报审的方案内容是否齐全以及与施工图的符合性，是否具有针对性和可操作性，是否符合有关规范、标准以及强制性条文要求；在审核深化设计方案时，除了应检查深化是否符合设计施工图要求外，还应满足现场施工的要求；针对劲钢混凝土结构中钢结构方案的审核，不仅要审核钢结构的加工工艺、运输及安装施工的内容，还要重点审核钢结构与相关专业配合问

题的处理方案，以及关键节点部位的质量控制内容，尤其是与土建混凝土结构的连接做法，如在钢构件上设置的栓钉，灌浆孔、穿筋孔以及连接件、临时支撑等的设置问题。这些问题就要求现场各工种必须紧密配合，核对交叉点的位置、标高以及连接方法，避免在后续的施工中出现冲突。例如，太原尖草坪中心医院项目主体结构为框架剪力墙、钢结构及劲钢混凝土结构。劲钢混凝土结构中钢构件与钢筋混凝土构件中钢筋的连接采用了四种方法：第一种是劲钢柱与混凝土梁的连接是在钢柱腹板上穿孔，让梁主筋穿过；第二种是框架梁的外排钢筋按照不大于 1 ：6 坡率弯折后绕过型钢柱；第三种是当钢筋数量较密时，采用在型钢柱翼缘上焊接搭接板，让梁纵筋与搭接板焊接；第四种是钢筋连接器的连接，主要用于钢板剪力墙水平筋与十字柱搭接等。这就要求施工单位各专业相互配合，事先控制好节点混凝土中钢筋的位置、数量和型钢上的穿筋孔，以及型钢上连接件的位置、数量是否一致。这些连接板、穿筋孔等的施工以及构件开洞为保证施工质量大多在钢结构加工厂机械开孔完成并做好补强措施，不得在现场火焰开孔、开洞，所以这些位置的确定必须与总包、土建、安装单位事先配合确定好准确位置。监理在审核钢结构深化设计及专项方案时，应要求施工单位必须设有配合图例，这样更具有针对性和可操作性，有利于施工过程的质量控制。

四、施工过程质量控制

（一）钢结构施工质量控制

为保证施工质量，劲钢混凝土构件中钢构件的加工大多在专业的加工厂进行。为确保施工质量，监理人员除了对加工厂的资质等质量证明资料进行审核验收外，还应进行以下几方面的质量控制。

1. 原材料及半成品、成品的质量控制

进场材料必须有出厂合格证和出厂检测报告，需要复检的复检合格后方可使用，钢材母材，钢铸件的品种、规格、性能应符合设计及相关规范要求（结构钢材主要采用 Q235B、Q355B，其质量应分别符合现行国家标准《低合金高强度结构钢》GB/T 1591—2018、《建筑结构用钢板》GB/T 19879—2023 的规定）。焊接材料的质量应符合设计及相关标准的要求；连接用的紧固件的规格、品种、性能应符合设计及相关规范的要求；金属，金属压型板的规格、尺寸、表面质量以及型材涂层质量应符合设计及相关规范的要求。

2. 钢构件加工过程的质量控制

钢构件制作安装时在以下部位应采用开坡口的全熔透焊缝，坡口施焊后，需在焊缝背面清除焊根后进行补焊（衬板要切除），焊缝应符合一级质量等级要求。

（1）梁端翼缘与柱的连接焊缝。

（2）梁与柱（含柱与剪力墙中型钢柱）刚结时，柱在梁翼缘上、下节点各 600mm 的范围内的连接焊缝。

（3）钢骨柱、斜撑及转换桁架上、下梁中型钢的对接焊缝。

（4）柱（含柱与剪力墙中型钢柱）及斜撑中型钢接头上、下各 100mm 的范围内的连接焊缝。梁与梁拼接、梁与梁刚接时，梁翼缘间的连接焊缝。

（5）柱脚底板与柱。

除上述焊缝外，其余部位采用坡口全熔透焊缝，应符合二级焊缝要求。

角焊缝尺寸如表 1 所示，应符合三级焊缝要求。焊接质量要求如表 2 所示。

钢构件的加工应符合设计及相关规范的要求。钢结构加工过程中，监理应不定期地到加工厂进行质量、进度检查；对加工构件的焊接方法的工艺评定试验进行评定，钢结构的焊缝质量符合设计规定，对一级、二级的焊缝质量应按规定进行超声波探伤或射线探伤的检查；对有 Z 向性能要求的钢板必须进行超声波检验，对构件的截面尺寸及型材规格进行抽查；对钢结构与混凝土结构的连接节点处钢构件上的连接方式、位置、间距、数量进行检查；对于不符合质量要求的要求施工单位整改；对已完成构件进行出厂验收等。

3. 钢结构安装质量控制

1）对进场的钢构件应进行进场质量验收，对构件的焊缝质量、规格、型号、外观质量、外形尺寸，以及构成构件的板厚、孔洞位置等均要符合设计及相关规范要求。

2）柱脚埋件安装：

（1）柱脚锚栓安装前熟悉施工图纸，掌握柱脚锚栓的安装轴线位置、标高以及连接方式。锚栓套架的定位严格按照图纸坐标和轴线位置施工，最大偏移不得超过 5mm。

（2）与锚栓支架或锚栓碰撞部分需要适当调整钢筋间距，使钢筋布置在锚栓两侧，同时保证钢筋间距满足设计要求。

（3）混凝土浇筑前，所有锚栓端部均需要使用胶带缠绕保护，避免污染；螺栓安装后要求施工单位派专人跟踪检查，确保在钢筋绑扎后混凝土浇筑前锚栓的精度。

（4）埋件埋设后，在浇捣混凝土时要注意保护埋件。埋件周边的混凝土要浇捣密实，避免产生漏浆及空鼓现象，影响埋件的质量。混凝土浇筑完毕终凝前，对锚栓位置进行复检。

3）钢结构基础的定位轴线，标高，地脚螺栓的规格、位置、标高，地脚螺栓的紧固以及基础混凝土的强度等，必须符合设计及相关规范的要求，达到要求后方可安装。

4）主要构件的中心线、标高、基准点标记应齐全。

5）现场安装（构件紧顶面、构件焊接以及螺栓连接等）应符合设计及相关规范的要求。钢骨架安装固定后，对接焊缝的焊接完成24h后应进行超声波探伤检查，合格后方可进行焊缝位置的栓钉补焊，完成后钢结构施工单位将工作面移交给土建施工单位进行钢筋绑扎。

6）对接接头、T形接头和要求全熔透的角焊缝，应在焊缝两端配备引弧板和引出板，其材质应与焊件相同，手工焊引弧板长度应不小于60mm，引焊到引弧板上的焊缝不得小于引弧板长度的2/30。

7）钢结构梁、柱等应与混凝土施工紧密配合，按楼层划分节点，分段施工，上层施工待下层混凝土强度达到设计及相关规范要求后方可进行。钢梁、钢柱与混凝土构件相交节点处需与土建复核预留穿筋孔、连接板等的位置、数量，不符合设计要求时应及时改正，符合要求后方可进行土建施工。钢板墙施工，监理工程师应检查钢板墙轴线的位置以及与钢板墙两侧型钢柱的连接，必须符合设计及相关规范要求。

三级焊缝要求表　　表1

较厚焊件厚度/mm	6~10	12~16	18~24	26~32
焊脚尺寸 h_f/mm	6	8	10	12

焊接质量要求　　表2

序号	内容
1	所有焊接均应按照《高层建筑钢结构设计规程》DG/TJ 08-32—2008等相关规范严格要求进行
2	在厚板及焊件厚度大于20mm的角接接头的焊接中，施工单位（包括制作及安装单位）应采取措施，防止在厚度方向撕裂
3	碳素结构钢应在焊缝冷却到环境温度、低合金钢应在完成焊接24h以后进行焊缝探伤
4	在预埋件上施焊时，应采用细焊条、小电流、分层、间隔施焊等方法，控制整块埋件温度，避免灼伤混凝土
5	三面围焊及绕角焊时，转角处必须连续施焊
6	钢结构构件在受力状态下不得施焊
7	当采用衬垫板焊接时，除焊接根部坡口间隙尺寸须符合设计要求外，还应使衬垫板和焊件紧密贴合，使焊流溶入衬垫板，并符合下列要求：（1）该衬板的技术要求应与所焊接构件相同；（2）该衬板的预处理方法应与所焊接材料相同；（3）焊接完成后，该衬板用机械切割法切除；（4）构件与衬板连接之原部位，应修磨平滑，并检查有无任何裂纹
8	焊工必须持有合格证书，必须在其考试合格项目及其认可范围内施焊。焊接施工过程中，应做好记录
9	一、二级焊缝均应进行超声波探伤，一级焊缝探伤比例100%，二级焊缝探伤比例30%，超声波探伤不能对缺陷作出判断时，应采用射线探伤；所有焊缝均应先做外观检查；焊缝表面不应有裂纹、焊瘤等缺陷；一、二级焊缝不应有表面气孔夹渣、埋弧裂纹、电弧擦伤等缺陷，且一级焊缝不应有咬边、未焊满、根部收缩等缺陷
10	焊钉焊接后应进行弯曲试验检查，其焊缝和热影区不应有可见裂纹；栓钉根部焊脚应均匀，焊脚立面的局部未熔合或不足360°的焊脚应进行补焊
11	焊缝应尽量避免相互重叠，一条焊缝重焊超过两次及由于焊接产生层状撕裂时，应及时更换母材
12	焊前应预热，焊后缓慢冷却或热处理
13	图中未对现场焊缝注明焊法时，现场焊接应以气体保护焊为主，以手工电弧焊为辅，保证焊接质量

（二）混凝土工程施工质量控制监理控制要点

1.劲性钢筋混凝土结构钢筋加工和绑扎工艺流程

放线→预先套柱箍筋→钢柱安装→钢梁安装→柱筋绑扎→梁上部钢筋绑扎→梁底部钢筋绑扎→梁腰筋绑扎→箍筋绑扎。

钢筋及钢筋连接件等原材料的出厂合格证及检测报告、复检报告必须符合设计及相关规范要求；钢筋加工时，应严格按照设计图纸和规范进行下料加工；钢筋的绑扎要求钢筋的品种、规格符合设计要求；钢筋绑扎牢固，连接符合《钢筋机械连接技术规程》JGJ 107—2016的规定；钢筋的保护层厚度符合设计及《混凝土结构工程施工质量验收规范》GB 50204—2015要求。结构尺寸允许偏差及检测方法如表3所示。

钢结构安装就位后，钢筋混凝土工程应及时配合，按设计要求与钢结构复核节点，并严格按照设计要求的尺寸，标高、绑筋、支模；钢筋绑扎应先从节点做起，以防止钢筋多、空间小，无法保证节点施工质量的情况；监理工程师应重点查验节点处钢筋是否与钢柱有效连接或穿过，钢筋规格、型号、数量以及保护层厚度是否符合要求；构件截面是否符合要求；连接板与钢筋的焊接长度、焊缝高度是否满足要求；钢板墙与剪力墙钢筋的锚固以及剪力墙水平筋的闭合是否符合设计及相关规范要求，符合要求后方可浇筑混凝土；待混凝土强

结构尺寸允许偏差及检测方法表　　　　表3

序号	项目		允许偏差 /mm	检验方法
1	轴线位移	基础	10	钢尺检查
		墙、柱、梁	5	
2	垂直度	层高（≤5m）	5	经纬仪、吊线、尺量
		层高（>5m）	8	
		全高（37.7m）	≤30	
3	标高	层高	±5	水准仪或拉线、钢尺检查
		全高	±30	
4	截面尺寸	基础	±5	钢尺检查
		墙、柱、梁	±3	
5	表面平整度		3	2m 靠尺和塞尺检查
6	角线顺直（阴阳角方正顺直）		3	拉线、钢尺检查
7	楼梯踏步宽高		±3	钢尺检查
8	保护层厚度	基础	±5	钢尺检查
		墙、柱、梁、板	+5，−3	
9	电梯井筒	长、宽定位中心线	+20，−0	经纬仪、吊线、尺量
		筒全高垂直度	≤30	
		筒全高垂直度（货梯）	≤20	
10	预埋设施中心线位置	预留孔洞	10	钢尺检查
		预埋螺栓	3	

度达到规范设计要求后，方可进行上部钢结构施工。

2. 模板施工

应严格按照设计尺寸及相关规范要求施工，标高、尺寸，以及模板的平整度、稳定度和严密性等必须符合设计及《混凝土结构工程施工质量验收规范》的要求，防止漏浆、跑浆、跑模现象发生。

3. 混凝土施工的质量控制

混凝土浇筑，监理旁站监督，首先检查混凝土的出厂合格证及检测报告、混凝土强度等级以及坍落度是否符合设计及相关规范要求，符合要求后方可使用；混凝土浇筑过程中，施工单位应设专人观测钢柱的垂直度，检查支架、模板、钢筋和预埋件等的稳固情况，发现松动、变形、移位时，应及时处理；混凝土的施工质量必须符合设计要求；劲钢混凝土构件中，混凝土浇筑一般要对称浇筑，分层振捣；重点要注意主次梁交接部位、钢骨梁底部和上下翼缘板间的腔隙浇筑质量，同时也要考虑由于构件截面小、钢筋多在混凝土浇筑、振捣困难问题。通常混凝土选料中，碎石粒径不宜过大，并选择合适的振捣棒进行振捣，振捣棒难以振捣的部位可采用外挂式振捣器辅助振捣，严禁出现振捣不实或漏浆情况，确保施工质量。

（三）质量检验与验收

劲性钢筋混凝土施工验收除应按照设计文件验收外，还应符合国家有关的法律、法规、工程建设标准的相关规定。

钢构件的加工制作、安装、验收必须依据《钢结构工程施工质量验收标准》GB 50205—2020 等有关规定进行验收。

钢筋的绑扎，模板支护与拆除，混凝土浇筑，混凝土的养护，混凝土强度的试块取样、制作、养护和试验要符合规定；混凝土振捣应密实，不得有蜂窝、孔洞、露筋、缝隙、夹渣等缺陷。

混凝土外观检查必须依据《混凝土结构工程施工质量验收规范》中有关规定进行验收。

结语

综上所述，劲钢混凝土结构施工质量控制主要有以下三个方面：一是钢构件的加工质量控制；二是钢结构的安装质量控制；三是钢筋的绑扎和混凝土浇筑的质量控制。这三个方面环环相扣。监理人员在现场质量管理过程中应严格按照设计文件和相关规范进行监理，加强事前和过程质量控制，确保施工质量，为业主交上一份满意的答卷。

参考资料

[1] 建设工程监理规范：GB/T 50319—2013[S]. 北京：中国建筑工业出版社，2013.
[2] 钢结构工程施工质量验收标准：GB 50205—2020[S]. 北京：中国计划出版社，2020.
[3] 建筑工程施工质量验收统一标准：GB 50300—2013[S]. 北京：中国建筑工业出版社，2014.
[4] 钢结构工程施工规范：GB 50755—2012[S]. 北京：中国建筑工业出版社，2012.
[5] 钢板剪力墙技术规程：JGJ/T 380—2015[S]. 北京：中国建筑工业出版社，2016.
[6] 混凝土结构工程质量验收规范：GB 50204—2015[S]. 北京：中国建筑工业出版社，2015.

全过程工程咨询浪潮下监理企业转型升级的实践体会

——以广州国家版本馆项目为例

李歆然
上海同济工程咨询有限公司

摘　要：自全过程工程咨询服务模式推广以来，监理企业已然成为这种新兴组织模式实践的主力军，因此对监理企业开展此类项目的案例研究非常有必要。本文对监理企业实践全咨模式的优势进行了理论层面的知识整理，结合广州国家版本馆这样的典型政府投资项目，基于监理单位的视角，阐述在项目应用中的体会并分享实践经验，填补监理实践全过程工程咨询经验总结的缺失，为监理企业转型升级贡献新思路。

关键词：政府投资项目；全过程工程咨询；工程监理；案例分析

引言

自国务院办公厅发布《关于促进建筑业持续健康发展的意见》（国办发〔2017〕19号）以来，轰轰烈烈的全过程工程咨询模式的推广和试点便开始了。根据意见的指示精神，将优先引导政府投资项目和国有企业投资项目使用全过程工程咨询服务，并且此类项目一般具备较高的影响力和示范作用。自此，几乎所有的省份均涌现了这样的新模式项目，尤其在东南沿海地区发展最为迅猛。

虽然，勘察单位、设计单位以及监理企业均可以成为全咨服务的提供者，但根据《全过程工程咨询现状和发展创新趋势分析》文中的数据统计，书中得出了一个重要判断，即具有监理资质的综合性工程咨询单位是这种新模式的主力军，并且这种趋势将继续保持。因此，此类企业实践的全过程工程咨询项目非常值得研究，其实践经验的总结具有很强的代表性和推广价值，对后续的政策革新和咨询服务应用优化有一定的指导意义。

一、全过程工程咨询浪潮下监理企业的核心优势

既然要说明监理企业在全咨推广浪潮下的实践与体会，那么首先需要对监理企业发展全过程工程咨询有何种优势进行理论层面的分析，以便在阐述体会时有理论与实践的对照分析。目前监理企业发展全咨模式一般可以总结为以下几点核心优势。

（一）监理企业具备协同管理的先发优势

工程项目具有一次性、短暂性以及多种组织关系并存的特征，因此组织内部的沟通协调关系是否顺畅尤为重要，这直接影响项目的组织效率以及最终产品目标的实现。而监理服务主要集中于项目的实体实施阶段，有团队人员驻扎现场，服务周期较长，能够获取项目的第一手信息，因此对现场情况、资源情

况、外部环境等更为熟悉，对项目有更强的掌控力度，与各参建单位联系远超过其他单位，具备协同管理的先发优势。

（二）监理企业向前后端延展服务的意愿强

目前“监＋管”模式比较主流，监理企业在监理服务的基础上，有意愿依托项目管理服务向项目的前后端延伸。一是前端的资料获取对现场监理团队的实施与监督有利，对项目的重难点理解更加充分；二是单一的监理服务发展有局限性，而监理企业如果想要朝着综合性工程咨询单位的方向发展，可以预见的趋势便是增加项目的前后端服务，补充核心竞争力，所以监理企业发展有非常强的内在驱动力；三是监理合同一般会包含法律规定的保修阶段服务，自发地就会考虑保修、运维阶段的工作。

（三）监理企业更有潜力适应全过程工程咨询服务

全过程工程咨询服务不能简单理解为多种咨询服务的叠加，而需做到内部各咨询服务团队运行上的协调统一，十分考验企业内部跨组织的管理与衔接能力，并且这一特性是全咨模式成败的关键。

与此同时，很多靠前的监理企业已经紧跟形势，在全咨模式政策发布之前，便已经形成了诸如项目总控、代建制、监管一体化、全过程项目管理等服务产品，在内部跨组织融合上已经有经验沉淀。

自推行中国建设监理模式以来，建设监理制度的发展几经变革，已然有些偏离了原始的创立初衷。而目前的全过程工程咨询服务模式与建设监理之初的创建理念非常契合，算是回归到工程项目管理的本源，重新给予了监理企业旺盛的生命力。

所以监理企业无论从实践的经验积累还是发展的历史趋势，相较于勘察、设计等其他类型全咨单位，更有潜力适应全过程工程咨询的服务模式。

二、广州国家版本馆项目概况

广州国家版本馆坐落于广州市从化区凤凰山麓、流溪河畔，是同济咨询在粤港澳大湾区践行全过程工程咨询服务的又一代表性力作。该项目的实施是习近平总书记“四个自信”中“文化自信”思想的重要实践。由华南理工大学何镜堂院士设计，建筑主楼从众多岭南传统礼仪建筑中提炼出“岭南印象”，整体布局依山就势、层次递进，传承中华传统礼轴形制，营造传统形制与岭南山水高度融合的礼乐格局。

广州国家版本馆致力于系统收藏中国古籍影印珍本、珍贵版本和特色版本。在“互鉴千年 融通未来——海上丝绸之路专题版本展”中，通过展出海上丝绸之路各个历史时期留存至今的典籍、绘画、照片等版本，呈现波澜壮阔的文明交流互鉴史，彰显21世纪海上丝绸之路的历史底蕴和宏伟前景。

项目总用地规模约为250000m^2，总建筑面积约100000m^2，按“鲁班奖”要求设计和实施，同济咨询团队从项目决策阶段便进场服务，以高质量、高标准、高水准的要求开展工作，其全过程工程咨询服务内容包括：统筹管理、设计管理、造价管理、工程监理（房建、市政）、招标咨询等多个方面，目前项目已于2022年7月30日顺利落成开馆。

三、实践心得与体会

（一）沟通协调的中心枢纽

基于监理服务与各参建方的关联性，监理企业具备协同管理的先发优势，在广州国家版本馆项目中，同济咨询全咨服务团队承担了整个项目的统筹协调工作，顺利成为各参建单位沟通与协调的中心枢纽，对项目组织运行效率产生了积极的影响；尤其是在处理使用单位与代建单位之间的关系中，得益于全咨单位的特殊身份，在使用单位的功能诉求与代建单位的管理边界发生不一致时，建立了良性的沟通机制，很好地发挥了全咨单位的桥梁作用，缓和了因建设管理制度导致双方诉求不一的冲突。

（二）跨阶段进度的同步推进

因为广州国家版本馆项目是政府工程，因此针对项目工期的要求非常苛刻，而建设内容中的各项手续与环节并没有因此减少，那么在实际项目推进时，如何把一天时间当三天用，是个不小的挑战。服务团队在特定的条件下，充分发挥监理企业应用全咨模式跨阶段的服务优势，将决策阶段、设计阶段以及施工准备阶段的三个阶段工作内容进行任务分解，同步推进三个阶段的各项工作，这对本项目的进度推进起到了不可估量的重要作用，而作为非监理企业的全咨服务公司，这几乎是无法实现的任务。

（三）跨组织的团队协同

本项目的全咨服务团队在组建上有两个重要特色：一是在项目管理体系中专门设置了设计管理团队，这是市场非常稀缺的服务；二是除常规的房建监理团队外，还专门组建了市政监理团队。

与纯粹的设计管理不同，在本项目

的设计阶段便把监理以及造价团队成员也纳入设计管理的范畴中，虽然监理和造价团队在设计规范上的熟悉程度并不一定有设计管理团队的成员专业，但是加入了他们后，使得团队在前期设计阶段增加了多种不同专业的视角，如初步设计概算的单价控制、二类费用划分的合理性分析、预备费的预留、大型设备预埋件及预留孔洞的位置、各类管线的迁改方案优化、主要建材和设备的品牌定档、看样定板制度的设置等。多专业交织使得团队在设计管理中做到了精益求精。

此外，两个不同专业的监理团队也在项目运行中做到了优势互补，如房建工程里的内部道路和景观区的建设依仗了市政监理团队的专业能力，而市政工程里的部分建筑及水、电专业能力由房建监理团队补足，虽然是两个团队，但优势互补，团队的凝聚力和协同性大大增强。

（四）衍生服务的盈利机遇

在广州国家版本馆项目服务的过程中，代建单位产生了额外的第三方专项咨询服务需求，即招标咨询，而该服务内容不属于原有的全咨合同范围，如果按传统模式的运作思路，那就需要按照正规招标规程单独招标，不仅流程烦琐且耽误工期。由于全过程工程咨询服务主要以项目管理为核心，其他服务内容均可灵活组合，为此同济咨询团队敏锐把握住了这个特性，基于公司本身具备的招标咨询服务能力，经与代建单位商议，在签署一份补充协议后便完成了该衍生服务的添加，不仅解决了代建单位的困扰，还增加了衍生服务的合同额，为企业把握住了盈利机遇。

结语

诚然监理企业伴随全过程工程服务政策的春风如火如荼地拓展业务，并且经过理论分析和实践体会，监理企业在这波浪潮中充分地发挥了其自身的优势，获得了更多的发展机遇。但大量项目实施的背后是经验总结的缺失，笔者常常为之惋惜，行业中不少有着丰富经验的老师，迫于文字表达的局限性，年轻人想要汲取到这些珍贵的知识，只能靠口口相传或是亲身实践。而作为行业中的新芽，依托企业的平台有幸参与到广州国家版本馆这样一个具有文化丰碑意义的项目，笔者深感荣幸，希望通过本次案例的实践体会给各位同行开拓一些新思路，也希望同行们提炼出更多的经验和案例样本，共同助力建设监理在全咨时代的转型升级。

参考文献

[1] 皮德江．全过程工程咨询现状和发展创新趋势分析[J]．中国工程咨询，2021，251（4）：17–22．
[2] 杨学英．监理企业发展全过程工程咨询服务的策略研究[J]．建筑经济，2018，39（3）：9–12．
[3] 李建军．全过程工程咨询能力建设与实践：工程监理企业开展全过程工程咨询服务的优势与探索[J]．建设监理，2018（11）：5–8，12．
[4] 韩光耀，沈翔．全过程工程咨询的特点和内涵分析与实施措施[J]．中国工程咨询，2018（3）：36–39．
[5] 陆彦．工程项目组织理论[M]．南京：东南大学出版社，2013．
[6] 成于思，李启明，袁竞峰．基于SNA的建设工程项目组织结构分析[J]．建筑经济，2013（11）：37–41．

BIM技术在项目监理工作中的应用及对监理企业的影响

韩国良
太原理工大学建筑设计研究院有限公司

摘　要：近年来BIM技术在建筑领域逐渐推广，为建筑工程管理工作提供了极大的便利，实现了建筑工程管理数字化、网络化。本文结合BIM技术的特点和监理工作的具体内容，对BIM技术在项目监理工作中的具体应用进行了阐述，并介绍了在监理行业推广应用BIM技术对监理企业的影响，从而能够让监理企业更加高效地在项目监理工作中应用BIM技术。

关键词：BIM技术；项目监理；应用；监理企业；影响

习近平总书记曾多次强调要加快建设数字中国，构建以数据为关键要素的数字经济，要全面贯彻网络强国战略。如何在建筑行业推进数字化建设，如何更好地利用网络信息化技术来发展建筑管理工作，BIM技术的引入是一个很好的契机。目前在国际建筑行业内BIM技术已开始大力推广应用，我国部分发达城市也已在建筑领域进行了推广，深圳市是首个发布政府公共工程BIM实施纲要和标准的城市。在山西这个中西部省，BIM技术的应用推广相对比较迟缓，尤其在监理行业中的应用更是凤毛麟角，与发达地区的工程监理数字化管理程度相比，存在一定的差距。所以在全力推广数字化、网络化的大环境下，提高监理技术，将BIM技术充分应用到项目监理工作中，是监理市场竞争的需求，是建筑管理技术发展的必然趋势。

一、BIM的含义、功能组成和特点

（一）BIM的含义

BIM是英文Building Information Modeling的缩写，常被译为“建筑信息模型”。它是以三维数字技术为基础，集成了各种建筑工程项目信息的工程数据模型，能详细表述工程项目中的内容。建筑信息模型是数字技术在建筑工程中的直接应用，可以使设计人员和工程技术人员能够正确应对各种建筑信息，并为协同工作提供坚实的基础。它是一个系统技术和管理方法，也是一个可以共享信息的资源平台，可以由不同参与人通过在BIM系统中输入、提取、更新和共享信息数据，为建筑项目从概念到拆除的全生命周期中的所有决策提供可靠依据。

（二）BIM技术的功能组成

BIM技术的应用系统是由多种软件集成，主要以Autodesk公司开发的Revit和Navisworks系列软件作为主要设计软件，同时集成MagicCAD机电、场地GSL、模架GMJ和TEKLA钢构软件等作为BIM建模软件，以广联达公司开发的土建算量GCL、钢筋算量GGJ和安装算量GQI软件作为BIM算量软件，其他功能性应用软件和控制系统作为BIM的拓展应用软件，赋予了BIM非常强大的集成功能。各种集成软件的性能决定了BIM的功能组成。

1. 建模和碰撞检查

根据图纸建立模型，对其进行碰撞检查可以提前发现不同专业之间空间上的碰撞等设计问题，保证了工程进度按计划执行。对专业性强、节点复杂、工艺复杂的专项工程进行效果更明显、信息更全面、数据更翔实的三维深化设计。

2. 工程量统计

BIM 模型可以导出构成建筑模型的每个构件的明细表。通过这些数据结合算量软件可以直接计算出工程材料表，与同类型项目的云端共享数据进行比对，确定材料或构件的单价，为工程材料购置和工程造价控制提供依据。

3. 施工模拟

结合制定的进度计划，以建立好的三维模型为基础，加入时间维，可以动态地采用进行施工模拟，以提高施工人员对项目认知和理解，形象反馈施工进度；也可以结合施工环境对施工方案进行演示，可以对方案执行中遇到的重点、难点的关键部位提前进行预判并加以控制。

4. 共享端口的开放

BIM 项目的全部信息资料都在云端，可以实现共享，对同类型项目的有关数据进行比对，达到设计方案的优选和工程量的核实；通过项目信息的资源共享平台，可以由不同参与人通过在 BIM 系统中输入、提取、更新、共享和信息数据的传递，达到对项目的共享。

（三）BIM 技术的特点

1. 可视化

BIM 技术的所有工程项目信息均可通过模型展示，并通过 3D、4D 等多维技术实现信息的可视化展示。

2. 协调性

BIM 技术共享端口的开放，实现了各专业之间可以协同设计、共管项目，达到信息的及时分享，使变更信息能够快速地传递到各管理者，对工程设计协同作出有效调整。

3. 模拟性

通过 3D 建模后，按照施工顺序和施工时间，加入时间维，可以动态模拟施工，将各种施工技术和施工程序进一步完善，避免在正式施工时返工。

4. 优化性

提供了多专业协同设计的平台，将所有专业的设计成果放在一个建筑模型内，可以更加直观地发现位置、颜色、装饰等是否准确，并加以调整，达到方案的优化。

二、BIM 技术在项目监理工作中的具体应用

工程监理服务需要采取科学的管理手段开展监理工作，BIM 技术的引入，正是采取科学、先进的数字化技术来达到既定的监理工作目标。工程监理工作内容主要包括质量控制，进度控制，造价控制，安全文明管理，合同、信息管理及各方组织协调。下面从上述五个工作内容方面逐个说明 BIM 技术在具体的监理工作中的应用。

（一）质量控制

质量控制坚持预防为主的原则，制定合理的监理工作制度，采取有效的监理措施，对工程项目各阶段进行质量管控。在设计阶段有了 BIM 的引入，可以把各专业整合到一个统一的 BIM 平台上，监理可以从不同的角度审核图纸，利用 BIM 的可视化模拟功能，进行 3D、4D 模拟碰撞检查，降低设计错误数量，极大地减少了工程变更。在施工阶段根据图纸、规范、标准等相关信息，利用 BIM 技术建造专项 BIM 质量子模型，对施工阶段进行质量管理，把施工方案中重要的分部工程、关键部位的施工流程模拟出来，进行预检、评估、判定，并针对发现的问题做好预防措施；以模拟第一人称的视角进行漫游检查，对比各组件的位置、高度等是否满足要求，还可以模拟设备安装施工流程，进行三维可视化交底工作，并将有疑问的施工照片通过手机移动终端上传到 BIM 系统中与 BIM 模型中相应的内容做对比检查，从而提高施工效率，保证施工质量。施工过程中各方对工程部位进行检查验收的信息均能在 BIM 模型中进行记录，用虚拟施工技术详细记录施工过程和材料的使用情况，监理以此作为检查、改进和责任追溯的依据，并结合电子监控和现场视频对运维阶段的现场情况进行检查，可快捷地排查出该阶段出现的质量问题并制定行之有效的处理措施。

（二）进度控制

监理依据施工合同中所约定的总工期、施工计划以及关键节点的设置，对现场实际施工进展进行跟踪检查，并与施工计划进行比较，对滞后的节点制定有效的措施，动态地对工程进度进行管控。在施工前，监理利用 BIM 模拟碰撞检查，提前发现图纸中存在的问题，避免现场返工；通过模拟功能可以按照施工计划模拟现实施工过程，排查施工过程中可能存在的问题和风险，针对问题，对计划进行调整、修改，可使施工计划不断优化；也可利用 BIM 四维应用，按照总工期要求，以天、周、月为时间单位，按不同的时间间隔对施工进度进行顺序或逆序模拟，形象反映实际进度和施工计划比对情况；还可以通过 BIM 的提量功能，监理人员对单位周期内的材料、配件数量进行统计和分析，便于找出进度滞后的具体原因。

（三）造价控制

监理对工程造价的管控需要以施工合同中所约定的合同价款、计价规则和

工程款支付方法以及实际完成情况，对施工方上报的计量资料进行审核并予以支付，严格控制变更，详细审查施工方案，避免施工措施的不当造成后期的大量签证。通过BIM技术的模拟碰撞检查，提前发现图纸中存在的问题，可避免或减少工程变更；在虚拟模型中可模拟第一人称的视角漫游检查，对不满足需求的部位及时进行调整，避免返工产生二次费用；通过3D模拟技术能够直观、精准地核实出实际完成工程量，并通过内嵌的广联达工程量计算软件，精准地计算钢筋、混凝土等材料的用量，为计量资料的审核提供准确的依据；还可结合施工资源和场地布置信息，按照施工方案模拟施工工艺及施工流程，对施工过程中可能产生的措施费用能够提前把控。通过该技术软件，在一定程度上能够更加快捷、准确地完成造价控制。

（四）安全文明管理

监理要根据安全法律法规、工程建设强制标准，对施工安全方案进行审查，并通过对施工现场的巡视检查，发现施工过程中存在的安全隐患，及时进行制止，避免安全事故的发生。监理通过BIM技术对施工方案或危大工程的施工流程进行模拟，通过动态可视化的模拟程序分析各施工环节中可能存在的风险因素，对存在安全隐患的施工措施或安全文明措施不完善的部位及时进行调整，优化施工方案，并提前做好防控措施；也可通过监控技术和网络视频功能，在手机终端方便快捷地对现场实施过程进行监控，随时检查安全防控措施的落实情况，督促施工单位做好安全文明施工管理，为安全监理提供了便捷的途径和方法。

（五）合同、信息管理及各方组织协调

一个建设项目从规划、设计到施工验收完毕，所形成的信息资料非常多，对信息资料的管理是个比较烦琐的工作。BIM技术的资源共享平台，可以将参建各方在实施过程中形成的信息内容均能及时有效地进行记录、共享、传递，保证参建各方都能够实时、准确地掌控建设项目的相关数据，给监理的信息管理工作提供了很大的便利，同时资源共享平台能够实现各方协同共管的目的，各专业间在实施过程中如有需要沟通的内容，可以在建模后的工程项目3D模型中相互碰撞查找问题，使各专业间迅速地达成一致，并将调整信息及时通过平台进行记录和共享，监理人员只需参与和审核建模工作，对通过模型查找出的问题进行确认和协调处理即可，很大程度上减少了监理的组织协调工作量。在合同管理方面，监理可通过BIM技术的应用，有力保证工程投资、质量、进度及各阶段中的各相关信息的传递，建设各方能以此为平台，数据共享、工作协同、碰撞检查、造价管理等功能不断得到发挥，使设计更加完善、施工方案更加优化，减少了变更和返工，极大程度地减少合同争议，降低索赔。

三、BIM技术对监理企业的影响

数字化、网络化信息技术对新形势下的建筑管理工作提出了新的要求，BIM技术给建筑业带来了机遇和挑战，为了适应行业新的发展形势，唯有运用先进的信息科技创新建筑工程监理模式，才能促进监理企业不断发展，才能提高监理工作效率和监理服务质量。新技术的推广和应用，必将对传统的监理企业造成影响。

（一）对监理企业组织结构的影响

BIM技术要在监理工作中得到推广和应用，首先企业管理人员要重视，在企业组织机构中设置专门的BIM技术部门，负责企业、部门或专业的BIM总体发展战略，包括组建团队、确定技术路线、提供技术支持，制定BIM实施计划，掌握BIM实施应用环境，并为项目提供BIM技术的软件、硬件、网络、团队以及合同等，培养技术人员，使项目监理人员了解BIM技术，从而使公司的BIM技术能够得到较快的推广和提升。

（二）对监理从业人员的影响

BIM技术对于目前山西省大多数监理企业来说是个崭新的技术，需要从零开始认识和学习应用。新技术的推广，技术人员是关键，懂BIM技术的人员大多为年轻的同志，他们对监理业务不熟悉，经验也相对欠缺，而监理业务能力强的同志未必懂BIM技术，这是推广这项技术的难点。所以监理企业应从人员培养、人员待遇等方面体现出对BIM技术的重视。外聘BIM技术人员组建初始团队，对现有的监理人员逐步进行培训培养，让现有监理从业人员更了解BIM技术，知道BIM在工程建设过程中能够做什么，如按照招标文件中对BIM工作的要求制定针对性的工作措施。对BIM监理项目进行技术支持，优先带领项目总监建立BIM项目管理机构，编制监理大纲，制定BIM技术下的监理措施，让项目监理机构能够更快地适应BIM技术协同工作的项目管理模式和监理工作方法。

（三）对监理工作方法和制度的影响

BIM技术的虚拟施工、协同共管的特点使项目监理工作方法发生了巨大的变化，工程监理的现行工作方法有现场记录、发布文件、旁站监理、平行检测、会议协调等。BIM技术极大地提高了监理协调工作的效率，监理人员可以将工程信息反馈到BIM模型中，从而指导工程施工，通过模拟技术的碰撞对方案进行审查，对施工过程查找缺陷，实现工程质量安全监理，通过网络和监控技术，利用手机终端随时可进行现场巡视，通过计量软件核实工程量并完成计量工作。新的监理工作方法要求监理人员配备新的工具和掌握新的技术，并需对监理的工作制度也要进行相应调整和修改，从而在利用BIM技术对工程进行监理的过程中，能够真正地发挥BIM技术的优势，指导项目建设过程的监理工作。

（四）对监理业务的影响

BIM技术作为一种新的建设工程管理技术，它的推广应用必将使工程建设管理对监理工作提出更高的要求，在目前的监理工程招标过程中就逐步增加了对BIM技术的要求，这就使得监理企业在招标投标过程中，需说明自己的BIM技术水平和能力，如达不到工程建设项目管理的要求，则必然导致投标失败，从而直接影响监理业务的开展，影响企业的发展。

结语

BIM技术已在国内外建筑行业得以广泛应用，尽管这项技术仍在不断完善和发展，但不能否认它对工程建设管理工作的重大意义。BIM技术是数字化技术在建筑行业推广应用的产物，也是建筑管理技术创新发展的必然。新形势下，如果想在竞争激烈的监理市场占有一席之地，监理企业就要不断创新发展，提升监理服务质量，BIM技术的应用为监理工作的发展指明了方向。监理企业要加强BIM技术的推广和应用，监理人员也要逐步提高BIM技术的应用能力，将BIM所具有的作用充分发挥到工程监理过程当中。

参考文献

[1] 唐强达．工程监理BIM技术应用方法和实践[J]．建设监理，2016（5）：14-16．
[2] 王婷，肖莉萍．基于BIM的施工资料管理系统平台架构研究[J]．工程管理学报，2015（3）：50-54．
[3] 杨金勇．基于BIM技术的建设工程监理精细化管理研究[J]．建材与装饰，2016（30）：163-164．
[4] 宋爱苹．BIM虚拟施工技术在工程管理中的应用探讨[J]．经营管理者，2016（29）：357-358．
[5] 赵军．装配式建筑设计中的BIM方法应用分析[J]．建材与装饰，2019（12）：70-72．

监理企业开展全过程咨询服务的深入探索

谭晓宇
天津华北工程管理有限公司

摘　要：监理企业向全过程工程咨询转型发展，既是企业适应政策与市场需求的需要，也有助于企业为自身可持续发展寻找新的突破点。本文通过监理企业转型升级全过程工程咨询模式的优势及战略分析，提供相关策略与建议，供业内参考。

关键词：全过程工程咨询；监理企业；转型升级；优势；竞争；作用

一、监理企业转型升级全过程工程咨询的优势

（一）政策优势

2017年2月，国务院办公厅下发《国务院办公厅关于促进建筑业持续健康发展的意见》（国办发〔2017〕19号），首次提出培育全过程工程咨询，并鼓励投资咨询、勘察、设计、监理、招标代理、造价等企业采取联合经营、并购重组等方式发展全过程工程咨询，培育一批具有国际水平的全过程工程咨询企业；2017年5月，住房城乡建设部下发《住房城乡建设部关于开展全过程工程咨询试点工作的通知》（建市〔2017〕101号），提出实施分类推进，试点地区住房城乡建设主管部门要引导大型勘察、设计、监理等企业积极发展全过程工程咨询服务，拓展业务范围；2017年7月，住房城乡建设部下发《关于促进工程监理行业转型升级创新发展的意见》（建市〔2017〕145号），提出行业组织结构更趋优化，形成以主要从事施工现场监理服务的企业为主体，以提供全过程工程咨询服务的综合性企业为骨干，各类工程监理企业分工合理、竞争有序、协调发展的行业布局为主要目标，以及鼓励大型监理企业采取跨行业、跨地域的联合经营、并购重组等方式发展全过程工程咨询，培育一批具有国际水平的全过程工程咨询企业的主要任务；2019年3月，国家发展改革委、住房城乡建设部联合印发《关于推进全过程工程咨询服务发展的指导意见》（发改投资规〔2019〕515号），建设单位在项目筹划阶段选择具有相应工程勘察、设计或监理资质的企业开展全过程工程咨询服务，可不再另行委托勘察、设计或监理。

通过对国家及相关部委下发的一系列关于全过程咨询政策文件分析可以发现，这些政策文件中关于对咨询单位的委托从国家层面鼓励投资咨询、勘察、设计、监理、招标代理、造价等企业发展全过程工程咨询，到各部委引导大型勘察、设计、监理等企业积极发展全过程工程咨询服务，再到住房城乡建设部针对监理企业转型发展意见中明确以提供全过程工程咨询服务的综合性企业为骨干等，可以看出，国家在引导市场以勘察设计及监理企业作为全过程咨询服务重点发展对象，并且只针对监理行业如何通过发展全过程咨询服务模式提高企业核心竞争力，最终实现转型升级创新发展，给出了具体的指导意见。据此，监理企业作为全过程咨询服务提供商的引领者、主力军具有坚实的政策基础。

（二）本质优势

1. 监理制度建立的初衷与全过程工程咨询相统一

“监理”源于FIDIC中的咨询工程师，“咨询工程师”受业主委托，是对工程的质量、进度、投资进行管控的项目

管理机构，也可承担前期可研、设计等咨询工作。改革开放以来，为提高管理水平和投资效益，引入工程监理制度。监理制度建立的初衷是对建设工程的前期、设计、招标投标、施工、保修等阶段工作进行全生命周期管理与咨询。然而随着时间的推进，我国监理行业逐渐发展成更多侧重于施工阶段的质量安全管理工作，对过程投资以及前期等基本不涉及，逐渐与监理制度建立的初衷发生偏离。为进一步规范建设程序、推动建筑行业健康发展，2017 年，国家首次提出“全过程工程咨询”的概念。2019 年，住房城乡建设部和国家发展改革委明确在项目决策和建设实施两个阶段，着力破除制度性障碍，重点培育发展投资决策综合性工程咨询和工程建设全过程咨询。2020 年，住房城乡建设部进一步明确全过程工程咨询的概念是工程咨询方全过程工程咨询综合运用多学科知识、工程实践经验、现代科学技术和经济管理方法，采用多种服务方式组合，为委托方在项目投资决策、建设实施乃至运营维护阶段持续提供局部或整体解决方案的智力性服务活动。

全过程工程咨询作为智力型服务活动，可以为业主提供从前期投资决策至项目竣工乃至项目运营阶段的咨询和管理，与工程监理制度建立的初衷相统一。全过程工程咨询的推广将是监理行业转型升级的重要突破口。

近十几年来，工程监理企业通过提供全过程项目管理、项目代建服务，已涉足并熟悉了投资咨询、招标采购、前期报建、后期验收、工程造价、绿色建筑、物业运维管理等相关咨询服务领域和相关知识，工程监理企业已具备向工程咨询上下游产业延伸的能力和条件。

2. 施工阶段的全过程参与利于三大目标的实现

我国工程监理侧重于施工阶段的“三控两管一协调”以及安全生产工作。参与建设工程从开工前准备—开工—施工—竣工—保修的全过程，监理团队从进场一直到项目竣工就驻扎在项目现场，相比前期咨询、勘察、设计等团队更加熟悉施工现场，是在施工阶段协助业主管理施工单位的重要力量。

部分监理企业为进一步提升管理水平，在开展监理服务的同时，推进项目管理的实施，已逐步开展监理—项目管理一体化服务管理模式。在此情况下，监理团队不仅可以在行使监理权责的基础上保证建筑产品的质量和安全，更能在一定程度上履行好项目管理职责，对建筑工程的成本及工期进行更好地把控。此类模式的应用，为监理企业转型升级积累了大量的人才及项目管理经验。

监理企业作为业主的委托方，也是疏导各方关系的重要协调方。在把握业主的授权范围内不仅要积极协调与业主方及各个职能部门的关系，还应协调与施工方及现场设计方的工作，保证质量、加快进度、降低能耗。监理相比勘察、设计等各方，与工程建设的各个相关方有更多联系，也一直发挥协调各方关系的角色，更加符合全过程工程咨询中对项目整体进行统筹协调的角色定位。

3. 责任主体身份利于发挥全过程工程咨询的优势

监理作为五方责任主体之一，与建设工程的质量、安全有着直接联系。监理代表业主对施工单位的工程建设质量和安全进行管理。开展工作时相比造价咨询、前期咨询、招标代理机构等需要承担更大的责任，这种意识促使监理企业转型升级成全过程工程咨询企业开展全过程工程服务管理时，在保证进度与投资可控的基础上，同样注重建设工程质量及安全生产工作的管理，也更能保证工程建设项目的顺利完成。

二、监理企业转型升级的战略分析

（一）加强资源整合能力，为全过程工程咨询业务蓄力

1. 整合互补资源，积累项目业绩

大部分监理企业受限于企业的资质、服务范围、人员业绩等，单独承接全过程工程咨询业务存在一定难度。为拓展业务市场，可优先选择与其业务互补的企业组成联合体进行投标，共同承接全过程工程咨询业务，可避免短时间内由于其自身限制条件无法开展全过程工程咨询业务的问题，还能在项目开展过程中更好地积累项目经验，为进一步拓展服务范围打下基础。整合互补资源是积累全过程工程咨询业绩的一种方法，更是监理企业开展全过程工程咨询业务的重要手段。

2. 重组企业架构，提供组织保障

大中型监理企业可通过跨行业、跨地域的联合经营、并购重组等方式，补充完善前期、勘察、设计等业务板块，完善相应部门设置，为后续开展全过程工程咨询业务提供组织保障。

（二）优化培训体系，培养全能性人才

1. 优化培训体系

高效能的培训体系，不仅能够促使员工增加企业绩效，还有利于留住人才。目前，越来越多的人才选择企业会更多地关注学习和未来发展等因素。因此建立有效的企业人才培训机制是吸引人才、

留住人才的重要保障。

为有效解决监理企业人才流失问题，企业内部应构建有效的培训机制，充分了解培训需求，制定人才发展通道，针对不同人群制定不同的培训计划。

2. 培养全能型管理人才

监理企业转型升级成全过程工程咨询企业，不仅要培养各专项业务人才，更需要培养企业全能型管理人才。全过程工程咨询业务涉及前期咨询、设计阶段、发承包阶段、施工阶段、竣工及保修阶段等阶段管控内容，项目总负责人不仅要具备各阶段的业务能力，更要具备统筹协调能力，才能做到真正对项目总体进行把关。因此培养全过程工程咨询项目负责人，一方面可以培养监理企业总监向项目负责人转变；另一方面可以引进企业外综合型管理人才。积极组织相关专业知识培训，不断提升服务能力，为今后开展全过程工程咨询业务，储备更多集管理、经济、法律、技术于一体的多层次、高水平、复合型人才。

（三）建立一套完善的管理标准

全过程咨询涵盖的内容远远多于原本的监理，不同的全过程内容有不同的侧重点，以及不同的管理流程。这就要求监理企业在全过程实施过程中制定出各专业的管理制度、实施流程、档案管理方案等；制定出一套可行的有指导意义的企业标准，还要根据各地不同的地方规定、标准实时调整，并做好收集、整理；完善企业后台建设，总结项目实施过程中的经验教训；鼓励员工探索新的管理手段，在项目过程中及项目结束后做好阶段总结与后评价。

（四）构建企业数据库，提升信息化管理水平

随着政策导向日趋明显，建设方的成本管控需求也逐渐加强，数据库的建设不仅能积累经验数据使工作提质增效，还可以避免因经验、人员工作调动等带来的数据丢失问题。因此，构建企业数据库是监理企业转型升级的重要步骤。

随着信息化技术的快速发展，大数据、互联网、云计算、BIM 等技术也逐渐成熟，数据分析积累系统及智慧工地等先进的信息技术也在工程建设及服务过程中不断被应用及创新，依托这些先进的信息管理技术及工具，对项目进行全过程管理工作，以便提升工作效率。

企业数据库的构建及信息化管理水平的提升将为监理企业转型升级全过程工程咨询提供真实有效的经验数据，也为今后进行深层次的数据分析奠定基础。

三、监理企业全过程咨询中起到的作用

全过程咨询服务是“以项目管理服务为基础，其他各专业咨询服务内容相组合”的全过程工程咨询模式，即采用“1+N”菜单式服务模式，“1”为全过程项目管理服务，服务内容可以涵盖工程全过程，与“N”相对应；“N”为专业咨询服务，是可选项，包括投资决策咨询、招标代理、勘察、设计、监理、造价等。在此模式下，项目管理成为全过程咨询服务的核心。各个咨询模块均对项目有其特定作用和价值，只有通过项目管理对各咨询模块进行资源整合、整体规划，并进行过程协调和管理监督，才能使得各方成为以项目目标为共同目标、以项目风险为共同风险的有机融合共同体，真正发挥全过程咨询模式在实现项目咨询范围边界和责任边界的充分整合、实现咨询专业人员和专业机构的有机整合、实现技术与管理的有机整合和项目全生命周期的有机整合方面的核心价值。

监理企业在施工现场的主要工作内容概括为“三控两管一协调”，代表业主与各个不同阶段、提供不同咨询服务的供应商发生关联，控制项目实施过程中质量、进度、投资目标的实现，参与项目的合同管理、信息管理、安全管理，并协调好参建各方的关系。在全过程咨询服务的各组成部分中，是与施工现场联系最紧密、最了解现场情况，涉及内容最广的一方。

监理最接近于项目管理，监理企业在开展施工监理的过程中，基于对工程质量、造价、进度控制，合同、信息的管理等自身服务的特点及其在工程建设其他阶段相关服务工作范畴的延展，决定了监理企业可以在全过程咨询中充分发挥桥梁纽带、统筹管理的作用，通过监理企业各阶段的参与，把工程建设从策划咨询到运营保修各个阶段串联起来，形成产业链的完整把控，确保工程建设信息流的相对完整，减少项目过程中的沟通成本，缩短项目工期，达到提高服务质量和项目品质的目的。据此，项目管理的内容其实就是监理工作的延伸，是从决策咨询、勘察设计到工程实施完成的全面监理。

参考文献与资料

[1] 苏锁成．浅谈监理企业如何向全过程工程咨询转型[J]. 建设监理，2020（1）：11-14，18．
[2]《国务院办公厅关于促进建筑业持续健康发展的意见》（国办发〔2017〕19 号）
[3]《住房城乡建设部关于开展全过程工程咨询试点工作的通知》（建市〔2017〕101 号）
[4]《住房城乡建设部关于促进工程监理行业转型升级创新发展的意见》（建市〔2017〕145 号）

监理在云南省滇西区域医疗中心建设项目中发挥的重要作用

申　宇
云南中大咨询有限公司

摘　要：对于大型复杂医疗建设重点项目的监理，包含很多挑战，如多项医疗专业专项技术、众多单位协调管理、诸多危大及超危大工程管理、内部团队的分工与配合、多项交叉指标的目标要求等，作为工程项目的监理人，怎样实现项目的总体目标，平衡好各目标任务的关系，最终赢得建设单位及各方认可，实现项目的安全、质量、造价等各项高标准目标，就需要监理人履行好自身监理的责权，从长远出发，着眼多方实现最终的共赢，发挥主动性，创造真正行业价值，共同助推行业发展。

关键词：尊严监理；工作原则；廉洁自律；创造价值；实现共赢

一、项目概况及特点

1. 项目概况

云南省滇西区域医疗中心建设项目是2020年云南省基础设施“双十”重大工程之一，项目立足大理、服务滇西、辐射川藏毗邻省区、面向南亚东南亚。深入实施“一带一路”倡议和“健康大理”战略，全力打造国内一流医疗中心（图1）。

项目占地面积714667m²，建筑面积870000m²，有5000个床位，总投资71亿元。项目包含：滇西急救中心、医技中心、检验检测中心、骨科医院、心血管医院、肿瘤医院、妇产医院、儿童医院及后勤保障中心。

该项目是云南省4个省级区域医疗中心建设项目中建筑面积最多、投资规模最大的新建项目。不论是投资还是规模在全国医疗类建设项目中都屈指可数。

该项目2020年通过公开招标，由云南中大咨询有限公司中标监理所属所有工程建设范围和内容。

2. 项目的特点

（1）建设单位技术力量相对薄弱。由大理州政府成立项目指挥部，建设单位为新成立的政府投资公司，现场仅有2名建设方代表，项目现场管理主要依靠监理单位进行管理。

（2）参建单位众多。该项目施工总承包共分为4个标段，施工总承包专业分包单位就有数百家，因前期招标导致的缺项、漏项等项目由建设单位重新平行发包施工单位也近百家。

（3）涉及专业专项多。该项目包含：土建、智能化、电力（外网、内配电等）、钢构、幕墙（包括金属幕墙、石材幕墙、玻璃幕墙等）、医疗装修、医疗管道、物流系统、消防物联、污水处理站、液氧站、衰变池、隔震（全国最大的免震医院）及众多机电安装系统等。

（4）周边环境复杂。该项目紧邻洱海生态保护上游水系，环保、水保要求非常严格；项目旁为大理民用航空机场，属于航空管制区域；周边为自然村，空气质量及噪声控制等要求高；项目紧邻已建市政污水管网及医疗污水管网。

二、项目监理部成立

1. 组建精干的项目监理部

公司安排副总经理（高级工程师、注册监理工程师、一级建造师、一级造

图1　云南省滇西区域医疗中心建设项目鸟瞰图

价工程师、注册咨询师）开工前半月全职进驻项目现场担任该项目总监，该总监具有丰富的现场施工、监理经验并具有极强的学习能力，综合能力及综合素质高。并根据项目进度及阶段配备具有丰富经验的各专业监理人员。

2. 确定项目监理部工作准则

公司中标后确定项目为公司标杆、示范监理项目，力争达到大理乃至云南标杆、示范监理项目。根据《建设工程监理规范》GB/T 50319—2013、《云南省建设工程监理规程》DBJ 53/T—105—2020 及《监理合同》等要求，公司结合自身及实际情况，提出该项目监理部工作准则为：专业、廉洁、价值。

三、监理部工作原则

项目开工后，公司要求项目监理部及监理人员必须坚持以下 9 条工作原则，并对每条工作原则进行详细阐述：

1. 清单工作原则

列清单的工作方法被国内外一再实践证明，它是工作的“总纲”，是高效工作的“利器”，令人思路清晰，明白工作的轻重缓急。

对于建筑工程行业复杂性的特点，提前对工程重点、关键工序、工程资料编制整理等列清单，将每天需要完成的工作提前列清单对管理人员显得尤为重要。

清单工作方法是职业习惯，是职业态度，也是一种职业晋升的密钥。

2.“危大”“超危大”工程重点监管工作原则

危大工程，即危险性较大的分部分项工程。

依据《危险性较大的分部分项工程安全管理规定》，监理单位有下列行为之一的，责令限期改正，并处 1 万元以上 3 万元以下的罚款；对直接负责的主管人员和其他直接责任人员处 1000 元以上 5000 元以下的罚款：

①未按照本规定编制监理实施细则的；②未对危大工程施工实施专项巡视检查的；③未按照本规定参与组织危大工程验收的；④未按照本规定建立危大工程安全管理档案的。

危大工程一旦管理疏忽，容易造成“群死群伤”事故，造成严重的社会不良影响，有关各方及人员都将受到法律严厉的刑事等处罚。

所以，作为监理人员首先必须明白哪些属于危大工程，哪些属于超过一定规模的危大工程（需要施工单位组织专家对施工方案进行论证）。其次，必须将危大工程、超危大工程作为监理管理的重点监管工作，是安全管理的重中之重。

3.“样板先行”工作原则

样板先行是指主要的分部分项工程“新材料、新设备、新工艺”在施工前，按设计、施工规范或具体要求在现场实施样板施工，经验收确认后再正式施工。

样板先行有利于促进工程管理的标准化、规范化，提高施工质量管理水平，统一、明确工作标准，提高工作效率，确保施工质量，减少不必要的“扯皮”等。

所以，样板先行也是建设工程必要的工作原则。

4.“第一次”重点监管工作原则

以上样板工程经各方确认后，将进行大面积铺开施工，对于第一次施工的工序或措施，工程管理人员应密切关注、重点监管，确保工程按照样板引路目标和规范要求进行，及时发现并纠正问题，确保后续工程保质保量、安全完成，避免不必要的返工。

5. 现场管理及时有效工作原则

鉴于建筑工程行业的特点，现场管理具有复杂性、动态性等特点，作为管理人员，必须能够及时发现问题，提出处理整改问题的办法，坚持少抱怨、多思考、善行动，把问题和隐患及时处理完成。

永远坚信：办法比问题多，任何问题都有一个最好的办法处理。

6. 质量安全隐患绝不放过工作原则

工程建设需要达到的目标任务很

多，质量安全是目标任务的核心，只有质量安全目标达成，其他的目标任务才可能顺利实现。

质量隐患特别是重大质量隐患、安全隐患都应该是建设工程施工中的“零容忍”，是建设工程“红线”，也是绝对的“底线”。

作为管理人员，必须具备质量安全底线意识，时刻铭记“质量终身责任制”的法律责任，本着对自身负责、对家庭负责，履行好自身职责，确保项目质量安全目标的顺利实现，并做到认识和理解实现社会主义现代化国家对高质量发展、安全发展观的要求。

7. 外业内业并重工作原则

建筑工程的管理工作有外业和内业，有很多项目重视外业管理，但对图纸、合同、资料等内业管理不足，导致的后果是项目现场施工与有效图纸不符、工程完成后隐蔽工程等痕迹资料无法追溯，甚至无法完善相关资料导致工程暂停或者不能验收。

有少部分项目存在重视内业，但外业管理不足的情况。每次各单位各部门对项目进行检查，内业资料都齐全完整，甚至得到很多好评，但现场管理混乱，存在极大的质量安全隐患，这也是舍本逐末。

建筑工程行业必须确保外业内业并重，两手都要抓，两手都要硬。

8. 不断学习强化工作原则

一个人、一个组织最大的能力莫过于不断学习的能力，不断学习增强自身及组织的能力。

作为管理人员，应当不断学习理论，不断把理论与现场实践结合，把实践与理论相对照。

作为建筑工程行业的组织团队，将定期不定期组织培训学习，统一思想，发挥团队的最大能量，让每一个团队成员都有收获感、成长感和成就感。

9. 良知行事工作原则

首先，作为一名建筑工程管理人员，履行好自身职责是对自身的负责、对团队的负责，这是最起码和最基本的要求。

其次，一名优秀的建筑工程管理人员应该是有原则、有底线、有温度、有良知的，对工程负责，对社会负责。

对工程的管理，抓大也落细，不做任何违背自己良知的事情。

用良知工作是一个人最大的软实力，让自己心安理得、升华人生、完善自我。

四、项目监理部管理中一些具体办法

进场后，公司与项目总监签署《项目目标任务书》《项目质量安全责任书》，总监与项目其他所有监理人员单独签署《监理人员质量安全责任书》，层层落实质量安全责任制，质量安全责任落实到每个人。所有监理人员签署《廉洁自律承诺书》。与建设单位、所有进场施工、安装、材料设备供应等单位签署《三方工作协议》及《项目工作处罚细则》。做到了自身过硬，规则清晰，明确效果。

每季度或根据情况总监对项目监理人员进行定期或不定期项目技术及管理要求书面交底，让每个监理人员随时清楚管理的重点、要点。

结合“互联网 +”对项目进行监理。如 BIM 技术在施工监理阶段的应用、视频监控与手机及电脑连接进行监理工作等。提高了工作效率，取得了很好的效果。

内业资料月检制的形成。每月底按照工程资料清单由总监对施工，特别是自身监理资料进行全面自检自查，严禁拖延后补，包括对监理办公室上墙资料、纸质文件归档情况、电脑文件整理情况、办公室卫生及清洁情况等进行每月清单检查，限时整改，养成了良好工作习惯。已得到很多项目和很多公司肯定和借鉴。

每周组织内部学习培训会议。每周监理人员轮换讲解培训与项目建设相关内容，并具有以下意义和取得以下成果：

1. 对于公司的意义和取得的成果

（1）降低了公司经营风险

质量终身责任制、安全管理是公司项目监理工作的根本和命脉，只有提高项目现场监理人员的职业素质，提高质量安全意识，才能真正降低公司的经营风险。通过每周高频学习培训，提高监理人员素质和能力，降低了公司整体经营风险。

（2）提升了公司整体监理服务水平及社会信用

工程监理企业的根基是服务，企业就是做好服务，做好服务才能发展企业，项目建设实施过程的服务更是根本，更是最重要的基础。通过学习培训，增强监理人员服务意识，增强公司和行业社会信用。

（3）公司企业文化真正得以落实

公司的核心价值、经营理念、服务理念需要落实到每个项目的实施中，每个项目的建设服务水平体现公司企业文化的落实。通过培训学习宣贯，让公司企业文化不断根植于现场监理人员，真正践行了公司理念，履行了监理行业的“诺言”。

2. 对于项目建设监理及监理人员的意义和取得成果

（1）终身学习，充实快乐。

（2）利人利己，实现共赢。

（3）提升价值，赢得尊重。

（4）沟通交流，统一思想。

五、监理工作取得成果及总结

1. 通过公司引领，项目监理部坚持公司提出的“做好自己、尊严监理”理念，一路学习进化，一路披荆斩棘，一路硕果累累。至今取得成果如下：

（1）从开工至今两年多，完成建安费投资26亿多元，完成项目各项指标任务，做到了“零安全事故”“零质量事故”，实现了监理存在的真正意义和价值创造，赢得了施工单位的敬重，赢得了其他有关单位特别是建设单位和政府指挥部的高度好评，做到了真正“0差评”，也为公司创造了很好的经济效益。

（2）项目开工所有标段分部分项工程验收结论均为优良，已获得省级建筑施工安全生产标准化工地、省级建筑工程质量管理标准化示范项目等诸多荣誉，并力争“国优”“鲁班奖”等荣誉。

（3）最重要的成果是项目监理团队自身的成长：团队更具有正气、清楚底线和原则、明确目标方向、营造学习成长型氛围、牢记创造价值的初心。

2. 监理行业有其自身属性和特殊性，该项目取得今天的成绩总结有以下三点：

（1）着眼大局，着眼长远

监理行业30多年的发展，成绩斐然，行业贡献卓著，但因行业起步时间晚，还是存在各种各样的不同声音和不好口碑，作为一名监理人，一开始就立志高远，脚踏实地，赢得了尊重，赢得了口碑，也赢得了自己和公司的未来。

（2）做好自己，不断进化

该项目很好地践行公司“做好自己、尊严监理”的理念。在进场前外界对监理有或多或少的质疑，公司要求所有监理人员做好自己，行动是最好的回应，至今项目监理部团队做到了让外界重新认识监理、重新认识公司，赞誉不断。公司也将永远继续坚持做好自己，不断学习进化，坚持原则，保有温度，再创佳绩。

（3）创造价值，体现价值

行业的本质就是创造价值，只有真正为项目、为行业、为社会创造了价值，才符合市场规律，也才能有公司和监理行业更美好的明天。按照价值创造逻辑实现了员工与公司，建设单位、施工单位等相关单位，建设项目与社会等的多重共赢，也体现了自身的价值。

最后，项目取得的优异成绩，充分地发挥和展示了监理的作用和重要性，更重要的是让监理人和外界看到了监理存在和发展的意义和价值，也让我们对未来的项目监理工作和公司发展有了足够底气并充满信心。

浅析监理工作标准化、精细化在中心城区综合体项目工作中的运用

王俊华　陈　炜　赵彦辉
上海市建设工程监理咨询有限公司

摘　要：在当前日益注重工程建设质量及安全的今天，在建设工程施工监理方面的投入也在不断加大，为更好地促进建设工程施工质量的提升，提高建设工程效益，必须在施工监理中加强标准化、精细化管理工作，本文结合工程监理实践经验，提出相关建议。

关键词：监理管理；可视化；标准化；系统化；网格化

现阶段，全国各个省份都在积极推行《建设工程监理工作评价标准》T/CECS 723—2020、T/CAEC 01—2020，主要目的是通过标准化管理，将监理工作方法、行为习惯和思维习惯融入固定的模式之中，避免因管理复杂和多样化导致监理工作风险和成本的增加，大力提升监理人员在工程监理工作中工程质量和安全的管理水平，规范监理执业行为，促进监理行业更加有序发展。

标准规范的执业行为是监理工作成败的关键。随着市场竞争越来越激烈，很多企业都开始推行"精细化管理"，这是一个持续进行、不断改善的过程，不同的项目应根据自身特点有选择、有计划地逐步落实各项精细化管理内容。

一、标准化、精细化管理在项目实践中的运用

上海静安区南西社区115-12项目监理部将监理工作标准化、精细化的工作理念全面用于项目监理工作实践，并取得了较好的效果。

（一）项目概况

1. 地理位置。项目位于上海市静安区核心地段，东侧为地铁13号线南京西路车站及附属结构、西侧紧邻百年张园、北侧与静安四季苑相邻、南侧为旺旺大厦。

2. 项目规模。项目总占地面积9374m^2，总建筑面积126955.29m^2，其中地上面积97873.32m^2、地下面积29081.97m^2。基坑面积约7300m^2，普遍开挖深度19.6~21m。

3. 总投资90.85亿元。主体建筑由1幢38层186m高的超高层商办楼及1幢3~4层的历史复建商业楼组成。

（二）项目特点及监理工作难点

1. 项目建设的特点、难点

（1）周边环境：项目占地小，周围环境较为复杂；毗邻地铁和历史保护建筑，东侧与地铁13号线南京西路站共用地墙，西侧紧靠张园历史保护建筑，对周边环境保护要求高，周边交通环境复杂。

（2）项目难点：地下四层最深达21m，桩长最长63m，地下连续墙施工最深达55m，属超深基坑。A区第二、三、五点采用超长钢支撑轴力伺服系统，最长达55m，目前在上海乃至全国尚无工程先例（图1）。

（3）场地限制：地处闹市区，场地狭小，现场无物料堆场，造成材料进场频次多、进场时间局限性较大，总平面

图1　A区超长钢支撑轴力伺服系统

布置随着施工阶段的变化而变化，组织协调难度高。

（4）安全管理：工程风险点多面广，重大危险源多，尤其是大型机械施工安全、高空坠落、深基坑开挖、防火、临时用电等。

（5）项目位于市中心，发生任何事件，社会影响力大，周边舆情影响较大。

2. 监理工作难点

（1）建设单位对品质和管理的要求极高，主要表现在建设单位的考评严格。建设单位委托了第三方单位定期对项目的质量、安全和行为进行检查和考评。

（2）建设行政主管部门重点关注、检查频繁。

（3）基坑阶段的安全性控制难度大，各项安全隐患数不胜数。

（4）项目在组建之时，公司优选了年轻的监理人员，基于年轻人的冲劲和干劲，借用建设单位的优质平台更好地锻炼监理团队，虽然年轻人在工作经验和对风险的预控能力方面相对欠缺，但在总监言传身教和自身勤学苦练下，精进不休。

（三）管理团队建设

根据项目各施工阶段的变化，随着基坑施工、主体结构施工和机电安装等变化，及时对项目监理机构进行相应调整，动态保持并提高项目监理部的整体管理水平。项目共配备监理人员11人，除总监和总监代表外，根据项目涵盖专业设置了土建组、水电组、钢结构幕墙组、安全组、资料组，配备专业监理工程师6人，监理员3人，平均年龄不到28岁。

在A区核心筒及C、D区土方开挖施工阶段，人员配备完全满足监理工作标准和监理合同的约定，既满足了业主的高标准要求，又完成了建设行政主管部门多频次、不定期的综合执法检查，这主要得益于制定的内部管理要求：首先，承诺业主的工作100%完成；其次，执行“习惯与标准”的管理方法；第三，注重团队凝聚力建设，落实一岗双责，培养年轻骨干人员。

二、监理在工作策略、过程管控、资料管理方面的特色和亮点

（一）监理工作策略

1. 班前十分钟

按照公司SOP卡的HSE风险和危害识别表，识别当日施工过程中可能产生的风险危害，总结并讨论安全注意事项和特定风险的危害，传达政府或业主的安全通知、提示等，反复提醒“2分钟为了我的安全”，对劳防用品的配置和正确穿戴做到相互提醒、检查、监督。

2. 总监理工程师早巡制度

巡视当天质量、安全方面重点工作落实及问题整改情况。

3. 监理行为标准化实施

为了规范监理人员的执业行为，让监理团队所有监理人员熟悉和了解管控标准，并严格落实岗位制度，提前策划并编制监理工作指导及操作性文件，在施工过程中熟练运用法律法规、规范标准、地方要求、行业标准等，严格检查施工方案中的各项措施是否落实到位。

（二）过程管控

（1）采用网格化的方式，落实岗位职责、一岗双责是履职尽责的关键。项目监理机构开展工作任务的定期计划、分解、确认、考核，明确各岗位职责分工及工作内容。

（2）加强工序管理是质量控制的根本。熟悉并精通工序管理流程，加强施工过程管控，每道工序完成后，必须先由施工单位自检合格后，填写相关文件报送项目监理机构，专业监理工程师现场验收符合要求予以签认。

（3）程序管理是风险管控的重要条件。严格审查施工单位上报的各项质量管理制度和质量管理程序等内容，要求严格遵守程序施工，规范操作标准，才能将风险可控。

（4）用“四个凡事”的工作方针开展监理工作。凡事有章可循：要求监理工作有完备的管理制度、工作程序和方法。凡事有据可查：做每项工作时、过程中、结束时都要有记录，留下监理工作痕迹，可追溯。凡事要有责任人：落实监理岗位相关责任人和奖惩制度。凡事要有人监督：对每项工作计划的落实要建立监督机制，并能及时发现问题，修正工作目标。

（三）资料管理

以“尽责履职”为首要责任，将建

设行政主管部门的最新行政规章、建设单位的要求、第三方检查评分标准作为资料编制、收集、整理和归档的主要依据。为满足“常态化迎检要求”，项目部采用“贴标签”的方法，解决了资料检索难的问题，实现了文档的标准化管理。

（1）建立档案柜，分层建立资料Ⅰ级目录，方便监理人员查询资料所在位置。

（2）按时间、部位、类别将过程中的资料进行组卷，具体按月、季度、半年、一年进行组卷。

（3）每卷建立资料Ⅱ级目录，目录中序号对应资料位置粘贴便笺，便于查找；对于Ⅱ级目录建立电子文件，方便查阅。

（4）单独建立危大工程档案及安全管理资料，具体按照危大工程类别分别进行组卷、建档。

（5）精心策划、提升成果文件的编制质量。

（6）落实岗位职责，保证记录的合规性、可追溯性。

三、监理工作成效

本项目建设单位作为房地产一线品牌房企，坚持较高的建造标准，并拥有优秀的项目管理团队和技术管理人才，在这样的高标准、严要求下开展监理工作，好的工作思路和工作方法是成败的关键。项目部根据规划目标并结合项目特点，制定了监理工作的目标和方法，分析了本项目监理工作的重点和难点，既能在工作上满足建设单位的高要求，又能时刻迎接政府建设主管单位多频次、不定期的综合执法检查。

总监根据团队中年轻人的特长、性格等因素，合理安排工作、充分发挥特长、要求一人多岗多能、各专业相互配合，在工作中坚持执行“制定工作标准”“让标准成为习惯”“让习惯符合标准”的工作方法，把项目团队的凝聚力体现得淋漓尽致，并得到了业主的高度评价和肯定。

如何提升监理人员的技术水平和管理能力是项目内部主抓的工作，如何把每个具有不同特长的年轻监理人员组织在一起，形成一个能打硬仗的团队是监理部内部管控的重要管理目标，要让团队中的每个人都能在融洽的氛围中，不断学习、不断成长，争取在未来担任团队的领头人，从而为企业输送合格的管理人才。项目部依据法律法规、规范标准严格把关、尽责履职，加强参建各方沟通协调，提供优质服务，将履行合同约定、参与建设优质工程视为监理的职责和使命。

本工程从开工至今，未发生任何安全、质量事故，质量管理、安全生产工作始终处于受控状态。作为企业的标志性监理项目，企业窗口接待大量有业务往来的业主和监理业界的考察、参观和业务交流，获得了上海市建设工程咨询行业协会示范项目部称号。

结语

伴随建筑市场越来越规范，业主要求越来越严格的趋势，以往的监理管理模式已经很难适应当今的监理工作。规范化、精细化管理模式在建筑项目监理过程的应用中，能够更好地细分监理目标和监理内容，加快监理工作的整体变革。所以，目前监理工作要注重标准化、精细化、系统化管理，只有不断研究规范化、精细化管控对策并落实，才能更好地完成监理目标，提高监理工作的效率。

参考文献

[1] 郝志刚．刍议强化建筑工程施工的精细化施工管理[J]．居舍，2021（5）：128–129．

基于BIM技术的全过程工程咨询服务

张志成
建审国际工程项目管理有限公司

摘　要：为推动建筑业高质量发展，BIM、大数据、5G、AI等数字技术助力建筑行业发展速度不断加快，数智化发展已成为企业发展共识。建审国际工程项目管理公司已完成了数字化的转型升级，运用数字技术实施项目的全方位管理。运用BIM协同管理智能平台，以BIM+为重点，为相关方提供包括咨询监理等全过程咨询服务，为区域推动数字技术的深度应用起到了良好的示范和标杆作用，企业也进入全新的发展时期。

关键词：BIM智能协同管理平台；数字技术深度应用；智慧化服务；项目管理

当前，为推动建筑业实现高质量发展，数字技术助力建筑行业发展速度不断加快，通过数字赋能，实现行业转型升级。工程造价管理咨询行业也发生了新变化，进入了全新的发展阶段。新标准、新办法相继实施，数字技术推广和应用，开启了造价咨询企业的数字化之路。挑战与机遇并存，企业急需加快新技术的推广应用，利用数字化的手段和工具，向精细化管理转变，为顾客创造新的价值。近年来，建审国际以数字化转型为契机，以新技术的推广应用为引领，聚焦运用BIM（建筑信息模型）等信息技术完成企业转型升级，打破瓶颈，不断突破，将数字技术与业务深度融合，赋能企业的经营管理和运营机制，推动业务创新发展；搭建起BIM技术协同平台，创建了基于BIM技术全过程咨询服务模式，拓展服务范围，延长价值链条，企业承接能力不断增强，客户信任度持续增加，核心竞争力全面提升，走出一条技术引领、数字驱动、聚势创变、向新而行的高质量发展的新路径。

一、基本情况

（一）申报单位简介

建审国际工程项目管理有限公司成立于2009年，先后组建了多家子公司，包括在美国拉斯维加斯的Justice Star Project Management LLC.、银丰企业、建审天津工程项目管理有限公司、天津创智数字科技发展有限公司、建审BIM技术中心、海南建审国际工程项目管理有限公司、建审国际数字科技发展黑龙江有限公司等。20余年来，公司顺应市场和客户需求，在变局中开创新局，不断拓宽业务范围和服务能力。企业在2018年完成了数字化转型，在数字技术的深度应用等方面取得了显著成就。

（二）建审国际BIM协同管理平台

建审国际BIM协同管理平台以监理服务为主要管理部门，为全过程工程项目管理形成“人、机、料、法、环、质量、安全、进度、成本、视频监控、智慧管理”精细化管控。又与BIM技术相结合，以BIM模型为载体，以BIM技术手段和全过程工程咨询服务为架构，组建完整体系，提供全过程工程管理、全参建单位、全员、全专业的数字化智慧管理平台；平台以贯穿全生命周期为目标，基于BIM技术的全过程工程咨询管理，设定标准体系和规章制度，形成模块化、数字化、智能化、简约化、复用化的平台。

二、案例应用场景和技术产品特点

（一）技术方案要点

建审国际BIM协同管理平台将BIM技术与数字化管理紧密结合，以BIM模型为载体实现通过三维BIM深化模型、物联网对接分析等功能，研发涵盖项目的业主云交付管理系统，实现现场管理人员进行各方协同应用。

信息共享、数据集成管理、协同管理，以技术先进、系统实用、结构合理、产品主流、低成本、低维护量作为基本建设原则，具有先进性、实用性、易用性、可靠性、扩展性、可维护性规划平台的整体构架。

（二）关键技术及创新点

建审国际BIM协同管理平台集成各参建单位统一协同管理，平台运行功能包含全生命周期（表1），主要功能如下：

1. 项目全过程工程管理数字化、无纸化线上办公、流程审批、智能归档。

2. 黑龙江省房屋建筑和市政基础设施工程实名制管理系统已与现场门禁打卡设备和BIM协同管理平台有效对接。

3. PDCA闭环管理。

4. 实施动态管控。

5. 搭接全过程工程造价管理平台，有效控制成本。

6. 匹配资源配置进行进度纠偏，有效控制施工进度。

7. 智能平台多元化，多种智能设备系统集成一体化。

8. 平台开放性、多元性、扩展性、复用性。

建审国际BIM协同管理平台（一）　　表1

功能板块	功能模块	模块简介
项目前期管理	项目前期立项、项目可行性研究报告、建设规划、建设用地、施工许可证、项目估算、概算、招标投标、合同管理、初步设计、现场勘察等	主要实现前期介入、流程审批、各种指标、数据流程对比
规划设计	设计图纸、拟定方向、制定制度、BIM技术应用	主要实现出具图纸、标准及制度建立、前期BIM技术应用
协同管理	人员职责、项目公告、任务管理、会议管理、工程动态、质量动态、安全动态、设备工序	主要实现各自岗位职责，协同作业，现场施工留痕、质量管控
PDCA管理	工程问题、质量问题、安全问题、检测问题、设计问题	主要解决施工过程产生的问题，闭环管理
资料管理	内页资料、项目资料、质量资料、安全资料、检测资料、设计资料	主要实现现场所有资料智能归档
进度管理	进度计划、进度纠偏、资源配备	主要实现施工现场进度管控
成本对比管理	动态成本、工程月报、工程周报、合同管控、全过程造价管理	主要实现施工成本管控
智慧监测管理	视频监控、考核门禁、环境检测、实名制打卡、基坑监测、智能温度监测、360云	主要实现平台与施工智能设备系统相关联，同步信息
竣工运维	竣工验收、举牌制验收、交付BIM模型、资料齐全	主要实现竣工验收、过程验收、数据交付、后续运维管理

三、案例实施情况

（一）项目基本情况

大庆市中医医院中医特色重点医院建设项目，位于黑龙江省大庆市萨尔图区保健路8号。工程投资金额13500万元，工程总面积为18532.14m^2。项目开工于2022年5月18日，竣工于2023年12月31日，开工建设时要保证医院的正常运行。建筑地上9层，地下1层为人防结构，结构形式为框架结构。

本项目采用BIM技术与全过程工程咨询深度融合来达到提质增效的目的，满足应用要求、数字化要求、数据交付要求的落地标准体系和经验丰富的数字化综合型团队作为重要保证，以系统工程方法统筹全过程、全方位、全要素，按逆向思维建设逻辑以终为始，实现设计、实施及交付，以虚实结合、同生共长的数字孪生建设模式，实现建设目标。

（二）全过程工程咨询实施路线

对该项目建设情况进行具体分析与研讨，制定相关管理制度及实施方案，各参建单位严格按照相关文件执行。制度体系建设是保障各参建方在统一的全过程工程咨询目标的前提下，按照各自职责进行具体工作的标尺（图1）。

（三）全过程工程咨询过程应用技术手段

1. 根据项目所在地颁发的《大庆市人民政府办公室印发关于政府投资项目建设单位健全内控机制加强投资控制的办法的通知》（庆政办发〔2021〕21号），在项目前期开始介入于项目，建立BIM技术规划管理体系，在协同平台根据不同项目的特点，用户自主二次开发制定相关模块，将政府文件规定的控制因素运用数字化方式予以落实和实施，更好地实现建设项目的精细化管理。

2. 通过搭建数字化协同管理平台并进行应用开发和流程再造，将项目各参

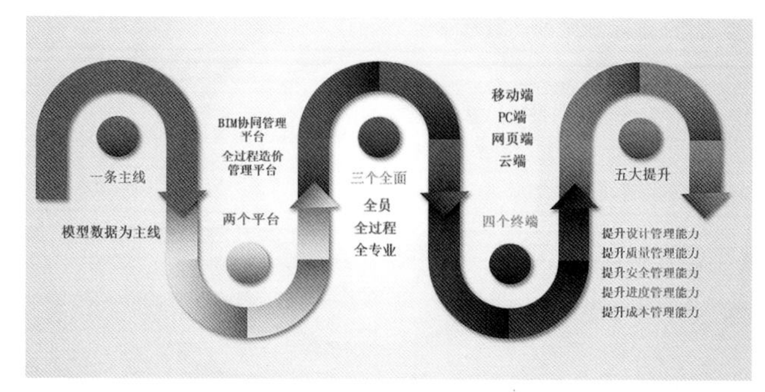

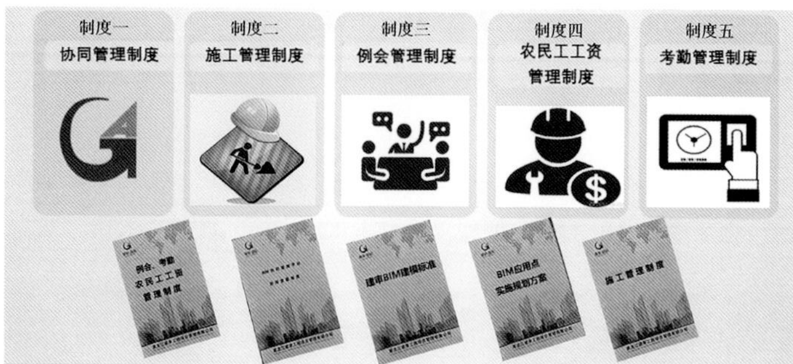

图1　全过程工程咨询实施路线及制度体系建设

建方进行数字化集成管理，统一在协同管理平台中进行管理和作业。

3. 项目前期BIM协同管理平台应用：

将项目所在地相关政策利用数字化手段植入平台，项目前期所需立项管理、可研管理、建设规划、招标投标管理、合同管理等各个阶段全部在平台中体现，所有数据方便查阅，永久留痕。

4. 项目设计阶段BIM协同管理平台应用：

（1）BIM模型创建、设计交底、图纸审核。

（2）模型轻量化、漫游查看。

（3）碰撞检查、管线综合、净高分析。

（4）方案比选、场地布置（表2）。

建审国际BIM协同管理平台（二）　　表2

各个阶段应用	应用功能模块	功能模块简介
设计阶段应用	BIM模型创建、设计交底、图纸审核	运用BIM技术对设计图纸进行模型创建，利用三维可视化方式及重点部位以动画分解的方式，组织对施工单位进行详细的设计交底工作，督促实施图纸自审和会审工作，并确保施工阶段项目相关方对设计问题进行及时、顺畅的沟通
	模型轻量化、漫游查看	将创建好的模型导入平台中，平台功能BIM模型轻量化效果强，最低轻量化比达到1：20，最高达到1：48，现场移动端模型利用率高；支持大体量模型应用。所有人员均可查看模型，可通过模型漫游，观看模型细部，以三维模型方式直观呈现
	碰撞检查、管线综合、净高分析	运用BIM技术进行碰撞检查，查找模型碰撞点的合理性，对碰撞点进行分析与整改。管线综合：对建筑模型和安装模型进行检查，对管线合理性布置、管线碰撞、管线设备与建筑相交进行分析与整改，优化管线排布方案。净高分析：分析模型高度是否达到设计要求，安装设备管线、家具等是否合理。减少工程“错、漏、碰、缺”情况，有效提高施工质量，减少施工成本
	方案比选	通过BIM模型的建立，对建筑物外立面进行更换、对材质进行比对优化；对整体外观进行方案比选，最终确定单体外立面方案
	场地布置	利用BIM技术可对施工现场平面进行合理规划与布置，构建场地模型与建筑模型，模拟施工现场，对周围环境合理规划，解决场地堆放问题

5. 项目施工阶段BIM协同管理平台应用：

工程施工阶段，为保障施工质量、安全、进度、成本，为更好地把控与管理施工关键点，同时以数字化方式呈现，BIM协同管理平台提供相应应用（表3）。

（1）物料跟踪。

（2）线上审批、资料归档。

（3）安全问题、质量问题、工程问题。

（4）项目公告、任务管理、工程动态。

（5）进度计划、风险预警。

（6）实名制打卡。

（7）工序管理。

（8）视频监控。

（9）视频技术交底、二维码。

（10）危险、风险预警。

（11）造价管理、成本管理。

6. 项目竣工阶段BIM协同管理平台应用：

（1）举牌验收：按照国家标准化和当地标准验收，由各参建单位联合进行验收，本项目实施举牌验收，并将所有验收情况及内容实时上传至BIM协同管理平台，做到资料留痕、归档，责任清晰。

（2）满足项目竣工模型的建造完整度、精细度、模型的深度、模型与实际建筑对比、模型系统、模型架构、模型交付物、交付数据、构件库、模型管理平台端口等。

7. BIM协同应用：

BIM涵盖了从规划、设计、施工到运维整个建筑物全生命周期内的各种相

建审国际BIM协同管理平台（三） 表3

各个阶段应用	应用功能模块	功能模块简介
施工阶段应用	物料跟踪	通过平台跟踪物料流程，严格按照标准进行验收，材料厂家、合格证书、检验证书等全部齐全，进行线上流程审批，合格后方可进场使用
	线上审批、资料归档	采用线上流程审批管理模式。实施产生资料进行数据化整合，实时上传，过程审批（时间、负责人、资料、图片）、延迟警报、智能归档。将项目所产生资料在平台中作业，无纸化线上办公、审批，提高工作效率，节省流程时间，责任清晰，永久留存
	安全问题、质量问题、工程问题	使用PDCA闭环管理模式，将施工时所发生的工程、质量、安全等内容及时发送，并告知相关责任人，负责人进行整改反馈相关问题及影像资料，发起人进行验收，资料用就留痕，责任到人
	项目公告、任务管理、工程动态	通过平台各参建单位均可发布项目公告、任务管理，所有人员及时响应，分工落实。每日发布工程关键节点施工动态、现场施工情况、施工具体内容及部署，保证所有参建人员随时把握项目情况
	进度计划、风险预警	利用模型进行动画模拟演示，按照进度计划模拟真实的建造过程，发现施工过程中可能存在的延期问题和风险预警，并针对问题和风险对进度进行调整和修改，达到优化工期的目的。结合无人机现场拍照监控，对现场施工总进度全方位、无死角地进行管理
	实名制打卡	以BIM协同管理平台为载体，搭接黑龙江省房屋建筑和市政基础设施工程实名制管理系统，保证施工人员实名制管理，人脸验证，证件证书真实。搭接员工进出门禁系统，实名制人脸打卡、出勤人数，自动记录平台
	工序管理	现场设备、大型机械进场等。按照施工工序，选择构件生成跟踪清单，每一个环节设置对应负责人，通过构件加工完成出厂、进场、领料、施工、验收等过程，全过程信息记录。保证工序状态实时跟踪、可追溯
	视频监控	利用现场视频监控以及采用无人机巡检等手段与协同管理平台的实时数据传输，在项目施工阶段，协同指导各参建方实时跟踪、管理工程的进度情况；管理月计划和总计划，进行里程碑节点的监控和预警；及时掌握工程的进度情况，直观查看现场情况，监管安全施工等作业流程
	视频交底、二维码	通过可视化技术交底，结合项目施工方案、施工工艺流程、施工措施等，通过制作专项施工方案模拟、重难点施工模拟动画进行现场指导施工，录入平台中导出二维码，悬挂在现场相应部位，便于随时查看，指导施工
	危险、风险预警	传统突发事件处理仅仅关注响应和救援，通过BIM技术的运维管理对突发事件进行管理，包括预防、人员的有序流通、危险防护措施、逃生路线、警报和处理
	造价管理、成本管理	搭建全过程造价管理平台，进行估算、概算，到目标成本测算，形成合约规划，指导项目招标采购，通过招标采购形成各类合同管理，进行各科目的变更管理、计量支付等，直至竣工结算；通过各阶段的智能关系，实时统计与积累各类数据，完成真正意义上的动态成本管控

关信息，其中包括勘测设计信息、招标投标及采购信息、建筑物几何信息、结构信息、材料信息、建筑明细表信息等，将四个阶段的信息全部集中在BIM信息库中。

8. BIM协同管理平台与智能软件的应用：

（1）BIM与PM集成应用：通过建立BIM的直观性，可充分应用软件与项目管理系统之间的数据转换接口，充分利用可共享性及可管理性等特性，为项目管理的各项业务提供准确及时的基础数据与技术分析手段，配合项目管理的流程、统计分析等管理手段，实现数据产生、数据使用、流程审批、动态统计、决策分析的完整管理闭环，以提升项目综合管理能力和管理效率。

（2）BIM与GIS集成应用：BIM技术与GIS相互融合，通过GIS模型可以清楚展示项目及周边情况、路况对比分析等，测量现场相关数据。

（3）BIM与物联网集成应用：物联网技术承担底层信息感知、采集、传递、监控的功能，实现虚拟信息化管理与实体环境硬件之间的有机融合。物联网应用目前主要集中在建造和运维阶段，二者集成应用产生了极大的价值。

（4）BIM与AR集成应用：利用AR技术将BIM模型带入施工现场，实现BIM模型与现场质量的1：1高精度校核。通过与BIM模型的对比，保证数据真实客观，提高质量验收效率。

（5）BIM与VR集成应用：内容包括虚拟场景构建、施工进度模拟、复杂局部施工方案模拟、施工成本模拟、多维模型信息联合模拟以及交互式场景漫游，目的是应用BIM信息库辅助虚拟现实技术更好地在建筑工程项目全生命周期中的应用。

（6）BIM+物联网——基坑监测集成应用：在基坑开挖及地下工程施工过程中，对基坑岩土性状、支护结构变形和周围环境条件的变化进行各种观察及分析工作，并将监测结果及时反馈，预测进一步施工后将导致的变形及稳定状态的变化，根据预测判定施工对周围环境造成影响的程度，有效避免质量问题及安全隐患。

（7）BIM+ 物联网——智能温控集成应用：冬季停工期间，根据物联网技术随时随地实现对现场温度的实时监测，超过预警值进行报警，防止温度过低不能及时知晓，出现冷桥等质量问题，有效提供了严寒地区停工期间的质量控制措施。

（8）BIM 技术与无人机：运用无人机点云技术进行拍摄，创建实景立体三维模型，由远到近，由粗到细。各个方位进行无死角呈现，来完成拟建建筑的场地分析，以及和周边建筑的相互关系，保证建设目标的有效实现。

（9）BIM+ 无人机——360° 全景集成应用：可将施工现场及周边建筑情况百分百还原，合理管控施工现场与周边环境；比平面图片能表达更多的图像信息，经过对图像的展示处理，模拟真实三维实景，沉浸感强烈，令使用者有身临其境之感。

9. 通过 BIM 协同管理平台、流程再造、表单模板自定义、审批流程自定义，可根据项目实际情况录入相应的模板，形成省、市归档标准的制式表格与资料，大幅度提升资料填写的时效性与准确性，避免资料信息的延迟，保证资料真实性并与现场同步。

10. 用户根据不同项目特点、不同地区政策，可自行开发相应的功能模块，可添加任何模块化功能与智能设备，进行适用自身的二次开发。

四、应用成效

1. 全过程工程咨询价值：根据 BIM 应用点实施规划方案与实际项目管理经验，总结出一套完整应用方法和管理体系：此模式获得项目各参建方的一致好评，通过 BIM 协同管理平台进行流程再造所总结出的各环节和流程设定在项目管理中发挥的积极作用，剖析 BIM 技术在项目管理中的赋能。实践证明在该项目中的具体应用和做法可以助力建设项目的精细化管理，并具有可复制性和推广性。

2. 示范和引导作用：BIM 技术和全过程工程咨询服务模式的有机结合并在实践中进行试点，团队、流程的建立为 BIM 技术在工程建设过程中的实施流程及实施体系提供了坚实保障，取得了良好的社会效益。由于数字化技术应用试点项目的落地以及大庆市行业主管部门的大力推动，使得其他建设项目基本实现了设计、监理、施工招标条款中均含有 BIM 技术应用的内容，并推荐在建设项目中。运用数字化技术搭建数字化协同管理平台，更好地实现建设项目高质量发展的目标。

3. 行业贡献：通过试点项目采用 BIM 三维可视化协同管理平台，对工程项目方案制定、设计、施工和运营进行管理，将各种建筑信息组织成为整体，贯穿项目的全生命周期，为 BIM 的创新应用奠定了坚实的基础。公司参与建设行业管理部门联合协会制定下发的《大庆市 BIM 技术应用导则》以及数字化应用过程中的相关标准，为大庆市建设领域推动数字化技术的深度应用奠定了良好的基础，也极大地激发了建筑市场中各参建方运用数字化技术进行转型升级的热情。

房屋建筑工程监理管理的问题和创新思考研究

黄明琪
青矩工程顾问有限公司

摘　要：本文探讨了房屋建筑工程监理管理中存在的问题和创新思考，旨在提升效率。首先，分析了施工质量、进度控制、信息传递等方面的问题。其次，探讨了技术装备在监理中的应用，包括远程监控、无人机巡检、智能传感器等，通过数据支持展示其积极作用。随后，提出创新策略，包括信息化建设、监理流程优化和加强沟通合作。通过数据分析和实际案例验证创新策略的可行性。最后，展望未来，预测智能化、数字化、可持续化等趋势将引领监理管理领域的发展。总之，技术装备的合理应用和创新思路的引领将提升监理管理效率，促进工程质量和安全的持续提升。

关键词：房屋建筑；工程监理管理；创新思考

引言

随着建筑业的快速发展，房屋建筑工程正呈现出规模逐渐扩大、结构日益复杂的趋势。这一趋势不仅促进了城市化进程，也为社会经济发展带来了新的机遇和挑战。然而，在工程规模和复杂性增加的同时，建筑工程监理管理所面临的问题也变得更为复杂和严峻。监理在房屋建筑工程中具有举足轻重的作用，其不仅关乎工程质量和安全，更涉及投资效益和社会利益。然而，当前监理领域仍存在一系列亟待解决的问题，如监理流程不够高效、信息传递不畅、监测手段相对滞后等。这些问题的存在可能导致工程质量不稳定、工期延误、成本超支等不良后果，影响着工程建设的可持续发展。

一、房屋建筑工程监理管理存在的问题

（一）施工质量问题

在房屋建筑工程监理管理中，施工质量问题一直是需要重点关注的领域。施工质量的不稳定性可能导致工程具有长期的安全隐患和额外的修复成本。监理在此环节的职责包括确保工程按照设计规范和标准进行施工，杜绝使用劣质材料和不良施工工艺。然而，监理在发现和纠正质量问题方面面临挑战。有时，施工单位为了满足工期要求，可能会降低质量标准，监理很难及时发现。

（二）工程进度延误

工程进度的延误可能是房屋建筑工程面临的另一个严重问题。监理在工程进度管理中扮演着关键角色，需要确保工程按照预定计划有序进行。然而，工程进度的延误可能受到各种因素的影响，如天气、物资供应等。监理需要采取一系列策略来预防和应对延误。其中，制定详细的施工计划、合理安排人力资源、

及时协调各方合作，都是确保工程进度的关键要素。此外，引入无人机巡检等技术，可以实时监测工程进展情况，及早发现问题，有助于在工程进度受阻之前采取应对措施。

（三）成本控制问题

建筑工程的成本控制是一个复杂的任务，需要监理及时了解和审查各项支出。然而，监理在成本控制方面可能受到信息不透明、变更管理不及时等问题的制约，这可能导致工程超支，影响项目的经济效益。

（四）信息传递不畅

在监理管理中，信息传递是十分重要的环节。但是，由于各参与方之间的信息交流不够顺畅，可能导致重要信息被忽视或误解，还可能影响监理对工程状态的准确把握，进而影响监理决策的科学性和及时性。

（五）监测手段滞后

随着技术的不断进步，各种先进的监测手段和技术装备应运而生。然而，有些监理机构可能仍在使用传统的监测方法，导致监控效果不佳，使监理在工程质量和安全方面的监控滞后于实际情况。

综上所述，房屋建筑工程监理管理领域存在一系列问题，这些问题可能对工程质量、安全和进度产生负面影响。因此，寻求解决途径以提升监理管理水平，是当务之急。

二、技术装备在监理管理中的应用

在现代建筑监理管理中，技术装备的应用正日益成为提升工程质量和监理效率的关键因素。各种先进的技术手段不仅能够加强对工程过程的监控，还能够提供实时的数据支持，帮助监理及时做出决策。

（一）远程监控系统

远程监控系统在房屋建筑工程监理管理中具有重要作用。通过传感器和摄像头等设备，实时采集工程现场的数据，将数据传输至监理中心。监理人员可以远程查看工程进展、施工质量等情况，及时发现异常情况并采取措施，这有助于提高监理的反应速度和决策能力，确保工程的正常进行。此外，远程监控系统还可以通过记录和存储数据，为工程后期的审计和评估提供重要依据。

（二）无人机巡检

无人机巡检技术在监理管理中具有广泛的应用前景。无人机可以高效地对工程现场进行巡视和拍摄，获取高清影像，有助于监理人员实时了解施工进展，同时，也可以发现一些难以从地面观察到的问题。无人机可以飞越复杂的地形和区域，对工程情况进行全面监测，有助于发现潜在的安全隐患和施工质量问题。通过无人机巡检，监理可以更加全面地掌握工程的实际情况，提高监理管理的效率和准确性。

（三）智能传感器

智能传感器在房屋建筑工程监理管理中发挥着关键作用。这些传感器可以实时监测工程现场的各项数据，如温度、湿度、振动等。一旦数据超出预设范围，系统将发出警报，提醒监理人员注意潜在的问题。智能传感器的应用可以帮助监理实现实时监测和预警，从而提前防范问题的发生。此外，智能传感器还可以在材料质量监测方面发挥作用，确保施工所使用的材料达到规定的标准和质量要求。通过智能传感器，监理可以更准确地把握工程的实际情况，及时采取措施，保障工程的质量和安全。

（四）数据分析和人工智能

数据分析和人工智能技术在房屋建筑工程监理管理中发挥着重要作用。大量的监测数据可以通过数据分析技术进行整理和分析，识别出潜在的问题和趋势。人工智能技术可以通过学习和模式识别，预测可能的风险并提供决策支持。监理人员可以借助这些技术，更加准确地判断工程的健康状况，及时采取措施。此外，数据分析和人工智能还可以优化工程管理流程，提高管理效率和准确性。

（五）虚拟现实技术

虚拟现实技术在房屋建筑工程监理管理中的应用日益突出。通过虚拟现实技术，监理人员可以在虚拟环境中模拟工程场景，实现对工程全过程的可视化展示。这使监理人员能够更直观地了解工程的各个阶段，从而更准确地识别潜在问题。此外，虚拟现实技术还可以用于培训和演练，监理人员可以在虚拟环境中进行模拟操作和应急演练，提高应对突发事件的能力。

（六）数据共享平台

建立数据共享平台是房屋建筑工程监理管理中的重要一步。不同参与方可以通过这个平台实现实时数据和信息的共享，减少信息传递的滞后和误解。数据共享平台可以整合监理、施工、设计等各方的信息，形成一个统一的数据源，有助于加强各方之间的协作和沟通，提高信息的准确性和时效性。同时，数据共享平台也为监理提供了更多的数据支持，可以更好地分析问题和决策。通过建立数据共享平台，监理管理将更加高效和协调（表1）。

三、创新思考：提升监理管理效率的策略

（一）加强信息化建设

信息化是提升监理管理效率的关键一步。建立一个完善的信息管理系统，能够实现实时监控、数据采集、信息共享等功能。应建立统一的工程信息平台，将监理、施工、设计等各方的信息整合在一起，确保信息的完整性和准确性。引入物联网技术，通过智能传感器等设备采集实时数据，实现对工程状态的监测。同时，数据分析和人工智能可以在海量数据中发现模式和趋势，提前预警潜在问题，为监理决策提供支持。

（二）优化监理流程

优化监理流程可以进一步提升管理效率。首先，建立科学的工程计划和进度安排，确保施工各阶段有序推进。其次，引入项目管理方法，明确各项工作的责任和流程，减少信息传递的滞后和误解。同时，推广使用 BIM 技术（建筑信息模型），能够在建设前模拟工程全过程，减少施工过程中的问题。此外，建立风险管理机制，及早发现并应对各类风险，确保工程的稳定推进。

（三）强化沟通合作

良好的沟通与合作是提升监理管理效率的关键因素。监理机构应与建设单位、施工单位等各方保持密切联系，建立高效的沟通渠道。定期召开协调会议，共同讨论和解决问题，确保各方的意见得到充分考虑。此外，建立信息共享平台，实现实时数据和信息的共享，减少信息断层，提高协同作业能力。同时，强化团队协作培训，提高监理人员的综合素质和协调能力，使团队能够更好地应对复杂的管理挑战。

通过加强信息化建设、优化监理流程和强化沟通合作，可以有效提升监理管理的效率和质量。这些策略相互交织，形成一个有机的整体，能够更好地应对监理管理中的各种问题和挑战。通过创新思路的引导，可以期待房屋建筑工程监理管理水平的持续提升，为工程质量和安全提供更可靠的保障。

四、数据分析和案例研究

（一）数据分析

首先对一段时间内多个工程项目的监理数据进行分析。通过比较使用技术装备和未使用技术装备的工程，发现使用技术装备的工程在施工质量、进度控制等方面表现更为稳定。例如，在远程监控系统应用的工程中，工程进度延误的情况减少了 25%；工程质量问题的发生率下降了 15%；智能传感器的应用也使得在材料质量监测方面出现了较为明显的改善。这些数据表明，技术装备的应用对于提升监理管理效率具有显著的积极影响。

（二）实际案例

以一座城市地铁施工工程为例，该工程在监理过程中采用了远程监控系统、无人机巡检和智能传感器等技术装备。通过对比实际工程数据和预期目标，发现工程进度准确控制在计划范围内，及时发现质量问题并处理，具体数据如表 2 所示。

通过这个案例，可以清晰地看到技术装备的应用如何在实际工程中发挥作用，实现了预期的效果。工程的进度延误得到了有效控制，施工质量得到了提升，材料质量监测的改善也在一定程度上保证了工程的稳定运行。

综上所述，通过对数据的分析和实际案例的研究，进一步验证了技术装备在监理管理中的积极作用。这不仅为本文提出的创新思路提供了坚实的支持，也为未来监理管理的实际应用提供了有益的经验借鉴。通过技术装备的合理应用，可以更好地解决监理管理中存在的问题，提高工程质量和安全水平。

技术装备应用情况　　表 1

技术装备	应用领域	主要功能
远程监控系统	工程进展监测	实时采集工程数据，远程监视工程进程
无人机巡检	工程巡视和拍摄	高空视角监测工程现场，捕捉细节
智能传感器	数据实时监测	监测温度、湿度、振动等数据
数据分析和人工智能	风险预测与分析	对监测数据进行分析，发现潜在问题
虚拟现实技术	设计方案评估	创建虚拟工程场景，模拟施工过程
数据共享平台	信息共享与协作	提供统一平台，促进信息共享与协同

实际工程数据和预期目标　　表 2

技术装备	预期目标	实际情况
远程监控系统	减少工程进度延误 25%	工程进度延误减少 28%
无人机巡检	提高施工质量 15%	施工质量问题减少 18%
智能传感器	材料质量监测改善 20%	材料质量问题改善 22%

五、未来前景

（一）智能化与自动化趋势

未来，智能化和自动化技术将更深入地渗透到监理管理领域。随着人工智能技术的不断发展，监理人员可以借助智能系统进行数据分析、风险预测等工作，提高决策的准确性和效率。同时，自动化技术也将在监测、巡检等方面发挥更大作用，提供更为精确和高效的信息支持。

（二）数字化平台的构建

建立数字化平台将成为未来监理管理的重要发展方向。通过构建统一的信息共享平台，可以实现不同参与方之间的实时数据共享和协同工作，减少信息断层和误解。这将有助于提高工程管理的整体效率，促进各方的协作。

（三）可持续发展与绿色监理

随着社会对可持续发展和绿色建筑的重视，未来的监理管理将更加注重环保和可持续性。监理人员需要关注能源利用效率、建筑材料的环保性等方面，为建筑工程的可持续发展提供支持。技术装备也将在能源监测、环保评估等方面发挥重要作用。

结语

本文通过对房屋建筑工程监理管理的问题和创新思考进行研究，从问题分析、技术装备应用、创新策略以及数据分析与案例研究等方面探讨了如何提升监理管理效率。通过数据的支持和实际案例的验证，证实了技术装备在监理管理中的积极作用，以及创新策略对于解决监理问题的重要性。未来，随着智能化、数字化等技术的不断发展，房屋建筑工程监理管理将迎来更广阔的前景。为确保工程质量、保障安全，监理人员需要不断学习创新知识，紧密结合技术装备，共同推动监理管理水平的不断提升，为社会的可持续发展作出积极贡献。

参考文献

[1] 张力军．房屋建筑工程监理管理的问题和创新思考研究[J]．居业，2021（8）：2．
[2] 徐永飞．基于房屋建筑工程监理管理的问题及创新研究[J]．中文科技期刊数据库（文摘版）工程技术，2021（10）：2．

建筑服务企业转型之路探讨

刘增虎
西安铁一院工程咨询管理有限公司

摘　要：本文通过对全过程工程咨询业务在国家政策层面、市场环境层面、业务发展现状、业务特点、资源配置需求的分析，以SWOT和波士顿矩阵为分析手段，从优化组织结构、提升集成管理能力、创新工程咨询模式、加强信息知识应用、重视知识管理平台建设等方面对建筑咨询服务企业转型进行探讨，并提出相应的观点。

关键词：全过程工程咨询；企业；转型

一、全过程工程咨询宏观环境

随着经济的高速发展，第一产业、第二产业作为经济发展的龙头以及增长点已遇到了发展中的“瓶颈”。参考世界发达国家的发展历程，第三产业将成为刺激经济发展的额外动力。作为建筑行业身在其中，尤其是开展建筑咨询服务业的投资咨询、勘察、设计、监理、造价、招标代理、项目管理以及其他的专项服务于基础建设领域的服务业，为了适应社会的发展和变革，必将迎来发展过程中的机遇与挑战。

为了加快建筑业经济增长方式转变，尽快与国际工程咨询接轨，并完成工程咨询类企业转型升级，国家下发了一系列指导文件。其中，《关于促进建筑业持续健康发展的意见》（国办发〔2017〕19号）明确提出要培育全过程工程咨询。鼓励投资咨询、勘察、设计、监理、招标代理、造价等企业采取联合经营、并购重组等方式发展全过程工程咨询，培育一批具有国际水平的全过程工程咨询企业。《住房和城乡建设部关于开展全过程工程咨询试点工作的通知》（建市〔2017〕101号）表明，通过选择有条件的地区和企业开展全过程工程咨询试点，健全全过程工程咨询管理制度，完善工程建设组织模式，培养有国际竞争力的企业，提高全过程工程咨询服务能力和水平，为全面开展全过程工程咨询积累经验。《推进全过程工程咨询服务发展的指导意见（征求意见稿）》（建市监函〔2018〕9号）就如何推进全过程工程咨询服务发展，培育具有国际竞争力的工程咨询企业，推动我国工程咨询行业转型升级给予了指导。《关于推进全过程工程咨询服务发展的指导意见》（发改投资规〔2019〕515号）要求深化工程领域咨询服务供给侧结构性改革，积极培育具有全过程工程咨询能力的工程造价咨询企业，提高企业服务水平和国际竞争力。

为了落实和推进建设工程服务类企业变革，《住房城乡建设部办公厅关于取消工程建设项目招标代理机构资格认定加强事中事后监管的通知》（建办市〔2017〕77号）明确自2017年12月28日起，各级住房城乡建设部门不再受理招标代理机构资格认定申请，停止招标代理机构资格审批。《住房和城乡建设部办公厅关于取消工程造价咨询企业资质审批加强事中事后监管的通知》（建办标〔2021〕26号）明确取消工程造价咨询企业资质审批。这些政策的引导、资质审批的取消，表明建筑咨询服务类企业靠资质吃饭的时代结束了。建筑咨询服务企业如何开展自己的业务，就需要这些企业积极变革，从管理、从人才、从信用，去适应市场、争取市场、开拓市场，只有发展自己、开拓自己，进而才能形成全新的良性发展。

二、全过程工程咨询的市场环境及全球的发展状况

全过程工程咨询在我国还在发展阶段，但是在全世界已经较为成熟，且全世界著名的全过程工程咨询企业有很多，如美国艾奕康（AECOM）公司，在美国工程新闻纪录（ENR）全球150强工程设计咨询公司中位列第1。AECOM是提供专业技术和管理服务的全球咨询集团，业务涵盖交通运输、基础设施、环境、能源、水务和政府服务等领域，业务细分市场有设计和咨询服务（DCS）、建筑咨询服务、管理服务（MS），其业务遍及全球150多个国家和地区，2017年、2018财年营业额分别为182亿、202亿美元，在全球约有87000名员工，包括建筑师、工程师、设计师、规划师，以及管理和施工服务等专业人员。AECOM在中国拥有建筑设计综合甲级资质，通过旗下的城脉（Citymark）、易道（EDAW）、安社（ENSR）和茂盛（Maunsell）等从事多个领域的业务。丹麦科威（COWI）公司，是一家领先的国际咨询公司，活跃在全球工程、环境科学和经济学领域。在全球约有6600名员工，其中最大的一家海外子公司在挪威，约有700名员工。COWI在2016年、2017年美国ENR全球150强工程设计咨询公司排名中分别位列第46、第42，业务涵盖：经济、管理和规划；水务与环境；地理与信息技术；铁路、地铁、道路和机场；桥梁、隧道和海床结构；建筑；工业与能源。美国柏克德（BECHTEL）公司，创始于1898年，是一家具有国际一流水平的工程公司，目前拥有来自全球100多个国家的约55000名员工，美国顶级承包商，在美国400强承包商中排名第1，在美国ENR全球中排名第5，在2016年、2017年美国ENR全球150强工程设计咨询公司中位列第20、第27。业务涵盖基础设施、国防与核安全、环境清理与管理、采矿与金属、石油、天然气和化工、能源、通信、隧道，拥有自己的施工队伍，具有自行完成设计、采购、施工的能力。其主要服务形式是工程总承包和工程项目管理，其中工程总承包业务占60%~85%，工程项目管理服务占5%~15%。全球还有许多在业界领先的工程咨询服务类企业，也是我们需要面对的竞争对手。

通过对国际化工程咨询公司进行梳理，发现其具有一些特征：公司规模大，全球网络型组织，吸纳多国人才；服务范围广，拥有核心竞争力，横跨多个领域；规划设计多，技术咨询比例高，管理经验丰富；拥有国际著名建筑设计团队，为许多项目提供了良好的规划、设计。

三、全过程工程咨询在我国的发展前景

我国为了更加深入地融入全球经济发展之中，展开了对建筑咨询服务行业影响较大的GPA谈判，在2001年加入WTO时，就承诺尽快提交初步出价启动谈判，在2007年正式启动谈判并提交了初步出价。随着谈判的深入和国内改革的推进，我国对出价进行了6次修改，至今共提交了7份出价，开放范围不断扩大。从整个过程看，我国积极寻求加入GPA的机会，并尽力推动，不仅展现了国家的决心，更展现了国家在世界舞台上的自信。

加入GPA并不代表要开放国内全部的政府采购市场，具体开放范围通过谈判确定（称为“出价谈判”）。参加方都是以“为政府采购”为准则出价谈判，范围包括中央政府、地方政府和其他（主要指国有企业）3类实体，货物、工程和服务3类项目，以及项目开放门槛价、例外情形等8大要素。在GPA谈判中有一个概念，即SDR（特别提款权，1SDR约等于10元人民币），也就是门槛价，具体情况如下：

中央实体——工程：500万SDR；服务和货物：13万SDR。

次中央实体——工程：500万SDR（日、韩1500万SDR）；服务和货物：20万SDR（美、加35.5万SDR）。

虽然SDR是一个需要计算和浮动的数据，但是基本在1SDR等于10元人民币上下浮动。也就是说，如果我国加入了GPA，在出价范围之内的中央实体类的服务项目，在标的金额达到130万元人民币左右时（次中央实体类的服务项目，在标的金额达到200万元人民币左右时），所有的GPA成员国的服务类企业都可以参与竞争。设想一下，如果我国政府开放大部分的中央政府、地方政府和国有企业的项目，我国建筑咨询服务企业将面临多么残酷的竞争？

建筑咨询服务企业在我国面向的服务项目，从资金来源分为两类：一是政府和国有企业投资；二是私有企业的投资。而所有建筑咨询服务类企业的主要利润点又来自哪里？答案是政府和国有企业投资的项目。而在所有从事建筑咨

询服务的企业里面，全面开放市场后，生存能力最差的建筑咨询服务类企业，又以监理服务为首。在我国，国家对政府和国有企业投资实行的是强制监理的制度，受相关法律法规保护。自监理制度实施以来，所有从事此行业的公司和从业人员都在分这块“蛋糕”。而现在这块“蛋糕”将要被拿出来，放到更大的市场，而且新加入的企业都是在世界上具有实力的建筑咨询服务企业，是我国强有力的竞争对手，我国的建筑咨询服务企业将面临如何生存的现实问题。

四、全过程工程咨询业务的特点

为了跟上世界建筑咨询服务业发展的步伐，就需要明白什么是全过程工程咨询。现在国家还没有对全过程工程咨询给出一个权威性的定义，但是结合各方对资料的提取和总结，全过程工程咨询是对建设项目投资决策、工程建设和运营的全生命周期提供涉及组织、管理、经济和技术等各有关方面的局部或整体解决方案的智力服务活动。简单地理解，就具有了以下特点：

（一）全过程、全方位

围绕项目全生命周期持续提供工程咨询服务，对构成项目建设的所有要素进行技术、经济、法律、组织的管理和服务。

（二）集成化

整合投资咨询、招标代理、勘察、设计、监理、造价、项目管理等业务资源和专业能力，实现项目组织、管理、经济、技术等全方位一体化。

（三）组织形式多样化

采用多种组织模式，为项目提供局部或整体多种解决方案。

（四）智力型、综合性

由于全过程工程咨询具有全过程、全方位、集成化、组织形式多样化等特点，对全过程工程咨询人才的需求就变成了需要兼具技术、经济、管理，以及多专业知识的复合型人才及高精尖人才。

五、我国现阶段全过程工程咨询的优缺点

全过程工程咨询展开的内容有投资咨询、招标代理、勘察、设计、监理、造价、项目管理以及其他专项咨询等业务。现阶段，我国一个项目的实施过程是由不同的部门、企业来完成，参与者多达十几家以上，使项目管理和技术以及经济服务“碎片化”，导致一个项目没有任何一家建筑咨询服务企业可以做到全过程工程咨询要求的全过程、全方位、集成化、多方案、智力型、综合性的全面服务。参加项目建设的服务企业也就不能从项目建设的整体目标来综合考虑，各参建单位只考虑各自的目标，无法做到全面考虑、统筹安排，最终也无法实现建设项目全生命周期的最优价值。

随着我国建筑行业的发展，建筑咨询服务企业也在发展，并结合现有建筑市场的特点形成明显的优缺点。就勘察、设计单位而言，聚集了较多的建筑行业高技术人才，形成了技术强的优势；在建设程序中的位置处于前端，形成了天然主导，对建设目标、投资效益具有决定性作用等优势；但由于不参与施工全过程管理，导致工程造价的“精细”化管理弱、动力不足、项目管理能力弱、组织体制及机制需调整等劣势。监理单位常年从事施工现场的监理工作，经过多年的发展，监理企业以及从业人员为了适应我国的监理市场，形成了工程管理机构设置完备、管理体系完善、协调管理能力强等优势，但也存在专项技术能力偏弱、人员素质总体偏低、专业延伸难度大等劣势。造价咨询单位在发展过程中，在设计和现场实施中承担了相互联系的作用，也就形成了在投资控制及提升项目投资效益方面具有优势，但也存在项目管理能力弱、设计技术及管理能力延伸难度大等劣势。咨询单位在发展过程中，由于国内市场的特点，主要面向的是项目立项阶段的投资决策综合性咨询，形成了在投资决策天然顺序的先导优势，在投资控制及提升项目投资效益方面具有优势，但也存在项目管理能力弱、设计技术及管理能力延伸难度大等劣势。

六、向全过程工程咨询转型的必要性

建筑咨询服务企业在走向世界时，不论什么原因，都会存在转型的现实困难。为了建筑咨询服务企业更好地走向世界，更快地融入世界经济大融合的潮流中，国家从政策层面已经开始进行引导、扶持发展全过程工程咨询企业，以期建筑咨询服务企业走向世界。同时，国家也在积极加入相关组织，积极与全球合作，不断开放市场。作为建筑咨询服务的从业单位需要正视问题，面向未来，积极分析面临的挑战和机遇，通过联合经营、并购重组等方式发展全过程工程咨询，为成为具有国际水平的全过程工程咨询企业而奋斗。

为了在实现转型的过程中少走弯路，必须用科学的方法解决发展中的问

题，如运用SWOT分析方法来分析企业战略发展方向，明确企业自身的优势劣势，以及外部环境的机会和威胁。以监理企业为例，优势是工程管理机构设置完备、管理体系完善、协调管理能力强等；劣势是专项技术能力偏弱、人员素质总体偏低、专业延伸难度大等。外部的机会是国家引导和扶持建筑咨询服务企业向全过程工程咨询发展，全球化经济的蓬勃发展，国家“一带一路”倡议的深化推进等；威胁是随着国家不断的开放市场，进入市场的企业增加，作为发展中国家，服务类企业相对落后于发达国家等。在科学分析的基础上，按照增长型战略、防御性战略、多元化战略、扭转型战略等来确定企业的战略发展方向，充分发挥优势，弥补短板，采用不同的战略方式迎接建筑咨询服务企业的转型。比如依托大型母公司的监理企业，可以充分发挥优势，以既有监理业务为基础，将全过程工程咨询“做大”“做强”。而中小型的监理企业，可以考虑以既有监理业务为核心，将业务“做专”“做精”。

在企业的战略方向确定后，可以通过波士顿矩阵等分析方法来确定企业各项业务的未来，确定企业具体在全过程工程咨询转型过程中的业务选择，明确企业的问题业务、明星业务、金牛业务、瘦狗业务。问题业务是指高市场成长率、低相对市场份额的业务，但这往往也是企业的新业务。为发展问题业务，企业必须加大投入、提高人员素质，以便跟上迅速发展的市场，并超过竞争对手。明星业务是指高市场成长率、高相对市场份额的业务，这是由问题业务继续投资发展起来的，可以视为高速成长市场中的领导者，它将成为公司未来的金牛业务。金牛业务指低市场成长率、高相对市场份额的业务，是成熟市场中的领导者，它是企业现金的来源。但市场环境一旦变化导致这项业务的市场份额下降，这个强壮的金牛也可能就会变弱，甚至成为瘦狗。瘦狗业务是指低市场成长率、低相对市场份额的业务。

针对有发展前途的问题业务和明星业务，可以采用发展的战略模式，继续大量投资，扩大战略业务单位的市场份额。针对强大稳定的金牛业务，可以采用维持的战略模式，投资维持现状，保持业务单位现有的市场份额。针对处境不佳的金牛业务及没有发展前途的问题业务和瘦狗业务，可以采用收获的战略模式，在短期内尽可能得到最大限度的现金收入。针对无利可图的瘦狗和问题业务，可以采用放弃的战略模式，出售和清理某些业务，将资源转移到更有利的领域。如监理企业，任何一个监理企业的监理业务都属于公司的金牛业务，都是企业现金的最大来源，是支撑企业运转的支柱业务。但是随着市场开放的不断深入、服务模式的不断优化，这个业务随时都可能变为问题业务或者瘦狗业务。

试想一下，如果国家取消强制监理，那么监理企业将何去何从。针对全过程工程咨询中涉及的投资咨询、招标代理、勘察、设计、监理、造价、项目管理以及其他与建设工程有关的专项咨询服务等业务，哪一项又会成为监理企业的明星业务。各个企业的资金、管理、人才储备等都不一样，肯定会有不同的选择，但是对于一个志在发展为具有国际水平的全过程工程咨询企业的监理企业而言，全过程项目管理肯定是绕不过的一项业务。从国家推行全过程工程咨询以来，现在用得最多的模式是“1+N”的模式，而其中的这个“1”就是全过程项目管理，而“N”是招标代理、勘察管理、设计管理、监理、造价等中的一个或者几个。

这样看来，作为监理企业的优劣势都非常明显。前期立项阶段比不过投资咨询企业，实施阶段的勘察设计在技术方面比不过勘察设计企业，而且这些业务也不是短期内可以通过自身的提升就可以实现超越的。但在监理业务的实施过程中，为了做好体现监理业务成效的投资、质量、进度控制、合同、信息管理以及现场的协调工作，实际上已经具有了一定的全过程项目管理的基础，只要在这个基础上向上游、下游进行延伸，提升业务能力，从原有的思维模式向全过程、全方位拓展，就可以从事全过程项目管理了。试想一下，这种模式如果在建筑咨询服务市场中的占比越来越大，只做监理业务的企业将以何生存?

七、全过程工程咨询的转型

在明确了企业的发展方向后，需要考虑的就是如何完成转型，转型又需要具备什么样的基本条件。全过程工程咨询服务的属性还是服务企业，变化的只是服务范围更广，突出的是智力型策划，实施多阶段集成。从以上全过程工程咨询服务的特点来分析，建筑咨询服务企业就需要从优化组织结构、提升集成管理能力、创新工程咨询模式、加强信息知识应用、重视知识管理平台建设等方面着手，加快企业转型过程中各方面的准备工作，并着手落实。需要以企业现有资质以及能力为基础，通过各种方式补充相关企业资质（投资咨询、勘察、设计、招标代理、造价、监理等）、优化组织模式（项目负责人、与咨询业务相适应的团队）、配备相应资源（特别是人力资源），以完成企业转型。

在此过程中会面临缺少规划设计团队、技术咨询力量薄弱、集成管理能力不强等挑战，这就需要企业通过联合经营、并购重组来强化技术服务能力，完善企业资质。通过引进培养高智能人才、提升全过程管理能力、加大咨询服务含金量、加大人才培养引进力度等措施来提升集成管理能力；根据咨询业务范围，科学地划分和设置组织层次、管理部门，明确部门职责，建立一个适应咨询业务特点和要求的组织结构来优化调整企业组织结构；通过建立战略合作联盟，以联合体（或合作体）等形式建立适应全过程工程咨询的服务模式；通过综合应用大数据、云平台、物联网、GIS、BIM等技术，为业主提供增值服务；通过建设知识管理平台，积累、共享、融合和升华显性知识和隐性知识，使之成为工程咨询类企业的重要支撑。企业的发展、竞争，实质是人才的竞争。因此，人力资源的管理工作就显得尤为重要。全过程工程咨询是高智力的知识密集型活动，需要拥有工程技术、经济、管理、法律等多学科人才，这就需要企业加大培养和引进力度，优化人才知识结构，增加高素质、复合型人才比重，提高工程咨询服务能力。

社会在发展，技术在进步，管理在优化，这是人类社会发展的必然，建筑行业始终伴随着人类的发展，作为建筑行业不可缺少的建筑咨询服务类企业也要紧跟时代步伐。放眼世界建筑行业，我国的全过程工程咨询还在摸索、融入世界建筑行业的阶段，这既是机遇，也是挑战，挑战大于机遇；需要在挑战中锤炼自己，找机遇发展自己。相信通过审视自己、剖析自己、提升自己，在不久的未来，我们会看到一批具有国际水平的全过程工程咨询企业服务于全球，会看到一批专业性极强的建筑咨询服务企业在细分的领域独领风骚。

工程监理企业数智化发展与管理创新

卢煜中
福建互华土木工程管理有限公司

摘　要：在当前迅猛发展的数字化时代，工程监理不再仅仅是传统的现场监督，而是在信息技术的驱动下，通过引入物联网、大数据分析等先进技术，实现数据的实时传输、集中管理和分析，让监理人员能够随时获取项目数据，进行远程监控和管理，从而极大地提高了监理的效率和精准性。为了应对技术壁垒，工程监理企业需要加大对人才的培养力度，建设多层次、多领域的技术团队。同时，工程监理企业在推进数智化的过程中，必须要高度关注数据隐私和安全问题，保障项目信息不受侵害。数智化发展为工程监理企业带来了更及时、更准确地获取项目信息的能力，监理人员可以迅速发现问题并采取措施，从而实现对项目的全程监控。

关键词：工程监理；数智化；实践经验

引言

随着信息技术的迅速发展，诸如物联网、人工智能、大数据分析等技术逐渐在工程建设领域得到应用。这些技术的引入，使得传统的工程建设模式正在发生重大变革。从设计、施工到运营阶段，数据变得更加丰富、全面，数字化和智能化的工程建设逐渐成为主流趋势。作为确保工程质量和安全的守门人，工程监理企业面临着前所未有的挑战和机遇。在数字化时代，监理企业的角色不仅仅是传统的检查与监督，更需要充当技术驱动的创新者；需要充分利用新兴的技术手段，积极参与项目的各个阶段，从而实现全过程的质量和安全管控。

工程监理企业正积极探索如何借助数智化手段来提升管理效能和降低风险。例如，通过引入物联网技术，监理企业可以实时监测工程结构的健康状态，预测可能出现的问题，从而及早采取措施。另外，利用大数据分析，能够识别出潜在的风险因素，制定相应的应对策略，从而降低工程事故的发生率。工程监理企业的积极探索和实践，不仅为自身带来了改变，也在推动整个行业朝着创新升级的方向迈进。通过引入数智化手段，监理企业不仅提升了自身的管理效能，还促进了工程建设的科技创新。这种创新不仅是技术的创新，更是管理理念的创新，使得项目从规划到实施都能够更加精细、高效地进行。

工程监理企业在信息技术快速发展的背景下，正在积极响应数字化和智能化的时代要求。作为工程建设领域的守门人，其正通过数智化手段提升管理效能、降低风险，为行业的创新升级注入了新的动力。随着技术的不断进步，工程监理企业有望在未来的发展中发挥更大的作用，推动工程建设迈向更高水平。随着信息技术的快速发展，工程建设领域也逐渐迎来了数字化、智能化的时代。作为质量和安全的守门人，工程监理企业正积极探索如何借助数智化手段提升管理效能、降低风险，推动行业的创新升级。

一、数智化发展的实践与经验

（一）技术设施的升级与整合

工程监理企业积极引入先进的信息技术，如物联网、大数据分析等，将监测数据实时传输至中心数据库，实现数据的集中管理与分析，从而提高监理效率。同时，基于云计算技术，监理人员能够随时随地获取项目信息，实现远程监控与管理。

物联网技术的广泛应用为工程监理带来了前所未有的实时监测和数据收集能力。传感器、无线通信设备等物联网技术的应用，使得监理企业能够实时获取各种关键数据，如结构变形、温度、湿度等，从而更早地发现问题和异常情况。这些数据通过实时传输到中心数据库，实现了数据的集中存储与管理，监理人员可以随时访问这些数据，以做出更准确的决策。

随着监测数据的不断积累，大数据分析成了一种强大的工具，可以从海量数据中挖掘出有价值的信息。通过对监测数据的分析，工程监理企业能够识别出潜在问题的模式和趋势，预测可能的风险并采取相应的措施。例如，通过分析历史数据，监理人员可以识别出某一类型的结构在特定条件下容易出现的问题，从而在新项目中采取预防措施，提高项目质量和安全性。

云计算技术为监理企业提供了更大的灵活性和便利性。监理人员可以通过云平台随时随地访问项目信息和监测数据，不再局限于特定的办公地点。这种远程访问和监控能力使监理人员能够及时响应问题，快速做出决策，提高项目的响应速度。同时，云计算还能够支持对大数据的存储和处理，为大数据分析提供强大的计算资源。

（二）数据驱动的决策支持

通过对大量监测数据的分析，工程监理企业能够更准确地识别潜在风险，预测问题的发生，从而提前采取相应措施。这种基于数据的决策支持，使得项目管理更加科学化和精细化。

大数据分析允许监理企业在数据中发现模式、趋势和异常情况，有助于识别潜在的风险。通过收集来自不同监测点的数据，监理人员可以监测结构的变化、温度的波动、材料的应力等多个因素，从而更准确地评估工程的健康状况。当数据显示出异常或趋势偏离常态时，监理人员可以迅速识别出可能的问题源，并采取措施进行进一步调查。

借助大数据分析，工程监理企业不仅能够对已经发生的问题进行处理，还能够更前瞻性地预测潜在问题的发生。通过分析历史数据、趋势和模式，监理人员可以辨识出可能导致问题的因素，并进行风险评估。这种预测能力使企业能够采取预防性措施，降低问题产生的可能性，从而减少工程事故的风险。

通过在问题出现之前就预测和识别风险，监理企业可以更加及时地采取相应的措施。这些措施包括调整施工计划、加强材料检验、增加结构支撑等。通过及早采取措施，可以避免问题扩大化，降低修复成本，并确保工程按时按质完成。

基于大数据分析的决策支持使得项目管理更加科学化和精细化。监理企业能够依据数据分析的结果，做出更明智的决策，从而提高整体项目的质量和效率。此外，数据驱动的管理还可以为监理企业提供更准确的绩效评估指标，从而更好地监控项目的进展。

二、克服困难的实践经验

（一）技术壁垒与人才培养

尽管数智化发展带来了巨大的潜力，但工程监理企业也面临技术壁垒和人才短缺的挑战。为应对这一困难，企业需要加大对人才的培养力度，建设多层次、多领域的技术团队，不断吸纳新知识，保持技术的领先性。

尽管数智化技术带来了巨大的机会，但在应用过程中，监理企业可能会面临一些技术壁垒。这些壁垒包括对新技术的陌生度、信息系统的整合、数据隐私与安全等。应对这些挑战，需要企业具备对技术更深入的理解，同时也需要与技术供应商和专业机构合作，共同攻克技术难题。

数字化时代对高素质的技术人才提出了更高的要求，然而在实际情况中，监理企业常常面临人才短缺的问题。这不仅是技术人才的问题，还涉及跨学科的团队合作。在数字化和智能化的发展中，需要综合性人才，需要他们能够跨越从技术到管理，从数据分析到沟通协调等多个领域。

为了应对技术壁垒和人才短缺的挑战，监理企业应该加大对人才的培养力度，包括提供培训课程、研讨会和实践机会，帮助现有人才提升技术水平和适应新技术的需求。此外，企业还可以与高校和研究机构合作，开展联合培养项目，为行业输送更多的专业人才。

面对多样化的技术挑战，构建一个多层次、多领域的技术团队至关重要。这样的团队结构能够充分发挥各个成员的专长，同时也能够促进不同领域之间的知识交流和合作。从工程师到数据科学家，从专业人员到项目经理，团队的多样性有助于共同解决复杂问题。

数字化时代的技术迭代速度非常快，因此监理企业需要将持续学习作为一项重要任务。企业可以鼓励员工参与行业会议、技术论坛，保持对最新技术发展的敏感度。同时，与技术合作伙伴保持紧密联系，了解最新解决方案和创新实践，确保企业在技术领域保持领先地位。

（二）数据隐私与安全保障

在数据驱动的过程中，数据隐私和安全问题备受关注。工程监理企业需要建立健全的数据安全机制，确保数据采集、传输和存储的安全性，同时遵守相关法律法规，保障项目信息不受侵害。

首要任务是制定综合的数据安全策略，该策略应涵盖数据的采集、传输、存储和使用等方面。该策略需要明确敏感数据的分类，确定不同层次的数据访问权限，并规定数据使用的合法性和限制性，从而确保数据在整个生命周期内的安全。

在数据采集和传输的环节，监理企业需要使用加密技术，以确保数据在传输过程中不被恶意窃取或篡改。这可以通过使用 SSL/TLS 等安全协议来实现，从而确保数据在从传感器到中心数据库的传输中得到保护。

存储数据时，监理企业需要采用加密存储和分级存储等手段，确保数据不易被未授权人员访问。同时，建立严格的访问控制机制，只允许有权限的人员访问敏感数据，以防止数据的滥用。

在数据的处理过程中，工程监理企业必须严格遵循相关的法律法规，特别是与数据隐私和安全相关的法律法规。确保数据的合法使用，避免因侵犯隐私等问题产生法律纠纷。

为了确保数据安全机制的有效性，监理企业需要定期进行安全审计，检查安全措施的实施情况，发现潜在漏洞并及时修复。此外，进行数据安全演练，模拟数据泄露、黑客攻击等情况，以便及时应对和应急处理。

数据安全是一个集体的责任，监理企业需要加强员工的安全意识培训，教育员工在处理数据时的注意事项，防止因员工的不慎操作而导致数据泄露等问题。

三、数智化发展的作用与影响

（一）提升监理效能

数智化发展使监理企业能够更及时、更准确地获取项目信息，从而实现对项目的全程监控。通过实时数据分析，监理人员可以迅速发现问题并采取措施，提高工程建设的质量和安全水平。

随着数智化技术的应用，监理企业能够实现实时信息的获取和监控。传感器、监测设备等数据源不断地采集项目现场的各种数据，如温度、湿度、压力等。这些数据通过物联网技术传输到中心数据库，监理人员可以随时访问这些数据，了解项目状态和各项指标的实时变化。

获取大量实时数据后，监理企业可以利用数据分析技术对这些数据进行处理和分析。实时数据分析可以帮助监理人员更好地理解项目的运行状况，识别出潜在的问题和异常情况。通过比对实际数据与预期指标，监理人员可以快速判断项目是否符合预期，从而采取相应的措施。

实时数据分析使监理人员能够更快地发现问题。一旦发现数据分析与预期不符的情况，监理人员可以立即采取措施，避免问题扩大化。例如，如果某一监测点显示结构出现异常变形，监理人员可以迅速采取措施，如暂停施工、进行结构加固等，以确保工程的安全性和质量。

数智化发展所带来的实时监控和快速应对问题，有助于提高工程建设的质量和安全水平。监理企业能够更准确地判断项目的运行状态，及时发现问题并进行干预，从而降低事故风险，保障工程的安全。同时，通过持续的数据分析，监理企业还可以总结经验，为未来的项目提供更精准的预测和决策支持。

（二）推动管理创新

数智化发展要求企业重新思考管理模式，通过数智化手段改善沟通、协调，优化资源配置，实现精细化管理。这种管理创新不仅提高了项目的综合效益，还为企业未来发展奠定了坚实基础。

数智化发展要求企业摒弃传统的管理思维，转向更加灵活、高效的管理模式。企业需要在数字化的基础上重新构思管理流程，使其更适应快速变化的环境。这种转变可能涉及从单一的层级式管理到更加扁平化的团队协作，从集中决策到分布式决策等方面的改变。

数智化发展为企业提供了更高效的沟通和协调手段。通过数字化平台，团队成员可以随时随地共享信息、讨论问题，避免了信息传递的滞后和误差。实时的数据共享和协作工具有助于提高团队的协同效率，加速决策的制定和执行。

通过数智化手段改善管理，企业可以更好地掌握项目的运行情况，做出更准确的决策，从而提升综合效益。在项目管理中，及时发现问题并迅速解决，可以减少风险，提高项目成功率。而在更广泛的企业发展中，数字化管理创新为未来的增长奠定了坚实基础，使企业能够更快速地适应市场变化，实现持续创新和竞争优势。

结语

工程监理企业在数智化发展方面取得了引人注目的成就，这些成就不仅体现在推动管理创新方面，还表现在提升监理效能、加强风险控制等多个领域。然而，伴随着这些成就，企业也不得不应对一系列挑战，如技术难题和人才短缺等。为了在数智化服务及管理创新领域持续取得成功，企业需要采取一系列战略性举措，以更好地引导行业发展，推动其迈向更高水平的未来。

方舟“科模云·筑术系统”应用探索与创新

杜伟良
方舟工程管理有限公司

摘　要：近年来，随着社会不断的发展，数智化经济逐步取代传统经济发展模式成了新的主要经济形态。以往传统的监理模式已经不再适应新时代发展的浪潮，只有数智化经济与实体经济相结合，才能在高质量发展中实现企业转型，完成“换道超车”。

关键词：科模云·筑术系统；数智化；转型

一、引入信息化，促方舟数智化

为适应时代发展浪潮，方舟集团与时俱进，从2018年成立软件中心，建立方舟录课中心，开展方舟微课和石建课堂，对项目监理人员进行培训，帮助项目监理人员提高技术水平。通过应用“总监宝”等信息化软件，加强对项目监理工作的管控，规范监理人员管控动作。方舟集团始终在探索信息化发展的道路上砥砺前行。2023年初，通过“科模云·筑术系统”的应用为方舟集团数智化、信息化转型带来新的动力，使方舟集团从传统固有的监理模式到应用数字信息化管理完成了质的飞跃。

下面将通过“科模云·筑术系统”的应用介绍与成果分享详细剖析工程监理数智化建设及服务相关的实践经验。

二、试点先行，全国覆盖，数智转型

信息化建设三部曲：“普及化”“日常化”“标准化”。

（一）普及化：试点先行

普及化：以全面开通新开工项目、主体阶段项目信息化为目标，开展全国范围内项目信息化推广。

2023年2月15日，在西安的筑术云数字化成果展示中心参观了系统功能演示和使用案例介绍等。参观结束后实地考察、深度调研筑术云在项目监理、人员管理、安全质量管控等方面的实际应用。通过数智化、信息化为传统监理模式进行赋能。

最终方舟集团与合友公司确定了战略合作伙伴关系，并签署了战略合作框架协议。强强联手，共创“科模云·筑术系统”。

2023年3月17日，方舟集团3月生产调度会信息化项目展示在第一批“科模云·筑术系统”试点项目——保利·天汇项目部顺利召开。

保利·天汇项目作为石家庄核心城区的棚户区旧城改造项目，建筑面积22万m^2。由方舟工程管理有限公司监理，保利集团石家庄保盈房地产开发有限公司投建。各方面满足“科模云·筑术系统”现场试点的要求，可以充分地展示“科模云·筑术系统”的优势，尤其是现场监控系统、大屏监控、专家在线等应用，极大加强了现场管理，同时为政府和建设单位远程监管项目情况提供便利。方舟联手保利，为石家庄城市更新民生事业贡献科技和力量，促进更好、更快地完成生产任务。

方舟不仅要对外发展信息化，更要加强对信息化发展的宣传，引领行业未来发展。通过信息化发展提高增值服务，让政府放心，让业主满意。

方舟集团后续迅速发挥“党建＋科

技”的管理优势，成立信息化领导小组，并在集团总部配置两部监控大屏，全天候管控各项目工作。同时，确定了方舟集团多个试点项目：保晋南街回迁房项目、云墅府项目、广宗县医院项目等。配备监控大屏等智能设备：方舟智眼（监控大屏）、视频监控摄像头、无人机、智能安全帽等，并完成项目信息化指挥中心建设工作。

（二）日常化：全项目覆盖

以保障软件与业务工作结合，将信息化有机融入日常工作为目标，结合各项目实际情况，安排各项目信息化应用的工作任务。

在工程监理数智化建设的推广应用过程中，也发现了许多难以避免的问题：缺乏专业技术人才和信息化应用管理人才；信息化管理的基础较为薄弱；信息化管理很难深入，无法触底了解实际应用的情况；信息化技术开发不够完备、灵活度不足等。但集团坚信：“道阻且长，行则将至；行而不辍，未来可期。”

1. 信息化管理和专业技术人才培养

通过合友公司专业的技术指导培训后，公司多位技术骨干与合友公司技术人员形成一对一指导关系，进一步提高技术水平。先后组织了五期公司级信息化培训，数十次大区、事业部级培训。培养了一批又一批信息化先行者，先后开通账号约600个。组织先行者结对助教、辅导新开通项目建立信息化管理，完成结对助教约60个项目。截至8月已开通信息化项目约110个，涉及北京、天津、重庆、河北、黑龙江、辽宁、安徽、湖北、海南等14个省区。

2. 夯实基础，发展“方舟式”信息化管理

为了加强工程监理数智化建设的基础建设，方舟集团坚持“以点带面”的工作方针，不断聚沙成塔，夯实基础；不断克服各项困难。如项目现场硬件设施（包括网速）难以支撑，很难达到信息化全过程技术支持和全天候管控的要求；项目人员信息化管理水平良莠不齐和信息化应用经验不足，造成许多资料和数据难以参照系统流程上传审核；系统开发与集团组织架构、管理模式存在相悖的现象，部分功能和流程仍需要不断完善、开发等。

以试点项目为基准点，首先，完善信息化管理和标准化建设：视频监控、智能大屏、无人机、智能头盔等基础设施搭设。其次，通过培训、指导、检查应用等多重手段，以标杆项目为目标搭建信息化应用标杆项目班子，形成“人人会用信息化，人人要用信息化”的指导思想。最后，通过应用过程中的不断修正，完善相应问题，克服各项困难；以信息化领导小组为枢纽，全天候收集、整理各项目上报的关于信息化应用发现的各项问题，及时汇总，并与合友公司沟通，及时处理各种影响项目信息化应用的问题；利用“学习—认识—实践”的方法论，通过各职能部门、各项目学习培训后的应用发现问题、积累经验，并组织相关专题会，与合友公司针对目前信息化应用过程中发现的各项问题，结合方舟集团实际情况研讨相应的解决方法。

3. 深入触底，加强信息化管理和应用

没有调查就没有发言权。方舟集团不仅在推广应用上不断完善，同时在应用过程中了解、收集各项数据及应用情况反馈。各职能部门、各项目不同，监理行业老、中、青结合现象较多，年轻人对新事物接受能力强，但是经验较少，老总监对新事物上手较慢，存在一定滞后性，所以信息化需要通过集团统筹管理实现真正的落地。信息化管理的难度是显而易见的，因为“科模云·筑术系统”有时效性，很多资料必须在第一时间进行录入，是不能后补的，集团无法第一时间看到项目是不是在时时刻刻录制，一旦发现滞后就无法弥补了，这一点增加了信息化管理的难度。对此，方舟集团以集团为核心进行整体调控，建立信息化管理制度。以各个大区为阵营，指导教学，深入一线，让信息化真正触底；集团监控大屏每日进行生产副总检查，以集团促进项目进步，每日督办。

在各职能部门、各项目的共同努力下，“科模云·筑术系统”初步实现了录入表单规范化、监控智能化的目标，完成了信息化管理日常化的建设。

（三）标准化：数智转型

以信息化应用全面标准化，各大区都有案例样板项目为目标。在项目适应信息化应用后，形成日常化管理，逐步实施信息化、标准化应用。

对“科模云·筑术系统”逐渐熟练掌握的情形下，方舟集团并不只满足于将信息化融入日常管理的需求，而是实现数智转型，以行业引领为最终目标。

信息化管理的初衷是科学、便捷、高效。目前，方舟集团的工程监理数智化建设将处于并将长期处于日常化阶段，但始终努力向标准化阶段迈进，现阶段重心为以下两点：

1. 多方协同、线上共管

通过现阶段“科模云·筑术系统”的应用案例和成果，对所属项目的政府主管部门、建设单位、施工单位等推广、展示，邀请各参建单位共同参与，以高

质量建设项目为目标，利用数智化手段提高管理。通过信息化实现各参建方线上共管，提高管理效率。同时，信息实时共享也达到了管控透明的效果，使政府主管部门、建设单位能更有效地对项目进行把控。

2. 全程管控、过程留痕

项目实施阶段发生的各类检查、验收资料（包括危大巡视）都要添加对应检查验收的照片为佐证，巡检记录、监理通知单、监理日志的相关内容在编制过程中都可以自动生成，相关资料的上传均通过AI、区块链等技术保存，保证了资料的时效性、真实性。后续内业资料胶装成册，形成完整的资料。

重点项目配备信息化大屏、视频监控和高速光纤，保证项目视频监控全过程留痕，通过高清摄像头可以对施工细部进行全过程检查。相应的历史视频也会上传云平台，永久保存。通过科学的管理，有效降低质量、安全事故的发生。

三、集团引领、项目先行、智能监理在路上

方舟集团目前全国在监项目约630个，点多、面广、战线长，传统管理手段难以深入管控。所以引进“科模云·筑术系统”，实现足不出户掌握项目情况。分为三部分进行展示：

（一）项目多方协同、在线共管、高效沟通

“科模云·筑术系统”的多方协同管理模块是通过系统将参建各方串联到一个平台上来，达到高效、协同。参建各方都可以通过平台的远程对项目进行管控，通过连线现场管理人员参与项目重要的施工工序、施工节点检查、指导及验收，项目也可以通过连线集团指挥中心在线咨询专家，对现场技术问题进行指导或提出建议。

（二）现场“空、天、地”全方位监管系统

方舟“空、天、地”系统暨视频监控、无人机、智能安全帽全天候动态监控系统，从“空、天、地”三个维度对项目全方位无死角监控。包括视频监控、无人机、智能头盔、手机APP巡检应用等多种方式监控。通过视频监控或无人机航拍可以远程管控项目。

“空”项目指挥中心（方舟智眼）有专人通过视频线上对项目施工进行管控。可以通过四分屏、六分屏等模式同时监控项目办公区、施工区、生活区情况，既避免大量人力资源浪费在现场巡查过程中，又有效提高对危大、高空作业等不易部位的管控。通过操作盘对画面角度、远近视角进行调整，保障了对施工过程中细部的质量检查。并且，后续实时视频将转换成历史视频上传到云平台进行长期保留，保证了全过程影像留痕。

“天”通过无人机航拍，可以对项目施工阶段的塔吊、高处作业、临边等不易巡查的部位进行直播式实时检查。实时视频后期将转换成历史视频上传到云平台进行长期保留，保证了全过程影像留痕。

“地”通过智能安全帽进行监控，随时了解监理工作。进入主体内部施工阶段，视频监控或无人机无法全面反映现场实际情况时，还可以通过智能头盔、手持式巡检仪等多种手段进行监控。

（三）数智化资料，智能关联，自动生成

“科模云·筑术系统”的项目管理模块包括项目进度、项目资料、BIM等，通过后台数据、资料的录入最终在系统平台中以数字化的形式展示。

“科模云·筑术系统”的项目资料表单录入功能涵盖15类专业，分为4大系统，包含38套表单，且每套都内置国家标准直接引用。对应的表单都有关联性，例如，专项安全巡查中的问题自动生成监理通知单发送给施工单位，通知单关联到监理日志形成闭环，使监理工作更加高效、规范；专业监理工程师使用手机APP进行“安全巡视记录”→检查记录的问题及时生成“监理通知单”下发施工单位→“监理日志”与“监理通知”相关联，内容、照片自动生成。

四、集团生产指挥中心：可视化应用

（一）集团指挥中心，统筹全局

通过可视化指挥中心可以看到方舟集团目前已录入的项目信息情况。目前方舟集团已录入的项目共计109个，还将继续添加其他项目，最终形成全国范围内在监项目的定位展示、对在监项目的整体统筹把控。

指挥中心右侧是已录入的项目信息分布定位情况，涵盖多个省份，每个点都代表一个项目地理定位，点击即可查看项目信息，快速检查。

集团可以随时随地了解已录入的项目信息情况，包括已录入的项目信息分布定位情况、公司项目数量、合同数额、建筑面积、同比数据对比等，对集团目前各项目的基本情况有一个宏观的了解。每个点都代表一个项目地理定位，点击即可查看项目信息，快速检查。后续还将继续添加其他项目，最终形成全国在

监项目“一张图”，便于统筹把控。

（二）项目指挥中心、数据共享

项目指挥中心可以更加精准地展示项目各项基本数据指标，包括工期、产值、履职、资料管理、工作动态等13项数据可视化展示，5项关键指标可视化管控，安全动态实时监控信息集成以及数智化展示。通过数据、图表等可视化内容使参建各方快速了解项目信息，更加直观掌握项目情况，及时发现问题。

实时：实时采集数据，实时处理分析和展示，第一时间发现数据变化和敏感操作。

可靠：应用AI、区块链等技术收集整理上传的各项数据，确保数据的真实、可靠，并上传云平台长期保存。

集成：对后台提供的数据，通过智能筛检、归集，有序组合以可视化的形式展示各项同比、环比数据情况。

（三）专家在线、专家指路、专业咨询

专家在线系统是利用方舟集团专家库为项目提供技术支持。项目可以通过平台提问、发布任务委托，以抢单、指派等模式请专家解决各类技术难题，也可以连线专家进行远程指导、视频验收等方式帮助业主实时处理工程全周期遇到的各项问题。专家也可以对项目报审的各项资料进行审核，规范、完善资料内容。

业主在项目建设过程中遇到的重难点问题，也可以通过任务委托的模式，在专家平台上下单。任务涵盖编制文件、指导验收、技术支持各个方面，由在线的专家抢单进行处理，提供更加优质的技术咨询服务。

五、数智化助力方舟转型

工程监理数智化建设的推广应用是一场“改革”，是一场席卷整个行业的潮流。数智化转型，大势所趋。

通过数智化转型，助力企业业务倍增，提高经营业绩。

（一）法律法规、政策的落实

目前工程监理数智化建设方面政府没有明文规定，信息化管理的法律法规还不齐全，缺乏指导性的政策类文件作依托。如何引导政府牵头数智化建设，调控行业发展方向，是工程监理数智化建设推广应用的核心。

让政府主导或参与工程监理数智化建设，使信息化管理与政府信息化管理对接通办，是目前需要思考的第一步，同时，政策引导为数智化建设奠定基础。

（二）数智“改革”面临的问题

信息化管理基础较为薄弱、信息化管理推广落实力度不够深入、信息化技术支撑不足及专业技术人才和信息化管理人才缺乏等问题仍是困扰工程监理数智化建设发展的关键因素。目前采取的处理方法并不能彻底有效地解决此类问题。究其根本在于：目前行业内并没有统一的标准、规范，没有标准就难以实施；行业内制定标准和贯彻标准必将是工程监理数智化建设大力发展的前提条件。

（三）数智化技术更新与行业推广应用不匹配

5G、区块链等技术的更新，智能头盔、手持式巡检仪等新设备的应用都展示了数智化技术更新迭代之迅速，而行业内推广应用从无到有的过程很难跟上。这是方舟集团在应用过程中发现的，也是无法规避的问题。

归根到底，人才是发展的第一动力。未来集团发展必须以复合型人才为主，要求一专多能。同时，必须网罗相关专业的人才，齐抓共管，才能有效推动工程监理数智化建设发展。

危险性较大的分部分项工程的监理工作

申长均
中国建筑西北设计研究院

摘　要：本文从危大工程的管理环节及要素、危大工程中的监理工作、安全监理的困惑、安全生产重大隐患与危大工程范围、政府主管部门的监督管理和监理的法律责任六个方面，详细梳理了危大工程和安全生产重大事故隐患管理和实施过程中各责任主体应做的工作，汇总了安全监理和危大工程监理事项，简要分析了发生安全事故时对监理处罚较重的原因。

关键词：危大工程；重大事故隐患；监理责任

危险性较大的分部分项工程（简称“危大工程”）是指房屋建筑和市政基础设施工程在施工过程中，容易导致人员群死群伤或者造成重大经济损失的分部分项工程。

监理人员在履行危大工程管理监理职责时，总体要遵循2006年10月16日发布的《关于落实建设工程安全生产监理责任的若干意见》（建市〔2006〕248号）的有关要求和有关危大工程的管理法规。具体有，2018年6月1日实施的《危险性较大的分部分项工程安全管理规定》（住建部第37号令），2018年5月17日发布的《住房城乡建设部办公厅关于实施〈危险性较大的分部分项工程安全管理规定〉有关问题的通知》（建办质〔2018〕31号），《房屋市政工程生产安全重大事故隐患判定标准（2022版）》（建质规〔2022〕2号）等。

具体到各地区，还应遵循各地区《房屋建筑和市政基础设施工程危险性较大的分部分项工程安全管理实施细则》及其相关文件的要求。

一、危大工程的管理环节及要素

危大工程的实施分为前期保障和危大工程实施两个阶段，通过全过程监管措施管控和现场管理，对危大工程进行严格控制，以保证危大工程的顺利实施。

（一）前期保障

前期保障阶段的主要工作有：基础资料、经费保障、危大工程清单、专项施工方案、专家论证等前期保障工作和危大工程公示、向施工管理人员进行方案交底、向作业人员进行安全技术交底等其他前期工作。

前期保障阶段的工作主要是明确各责任主体在危大工程前期应做的工作和政府主管部门监管的要求和准备，是做好危大工程的重要前提保障。

（二）危大工程实施

危大工程实施阶段的主要工作是：危大工程施工、专项巡视检查、第三方检测、验收、险情或事故等工作。

施工单位应当严格按照专项施工方案组织施工，不得擅自修改专项施工方案。

施工单位应当按照规定对危大工程进行施工监测和安全巡视，发现危及人身安全的紧急情况，应当立即组织作业人员撤离危险区域。

监理单位对危大工程施工实施专项巡视检查。

监理单位发现施工单位未按照专项施工方案施工的，应当要求其进行整改；情节严重的，应当要求其暂停施工，并及时报告建设单位。施工单位拒不整改或者不停止施工的，监理单位应当及时报告建设单位和工程所在地住房城乡建设主管部门。

对于按照规定需要进行第三方监测的危大工程，建设单位应当委托具有相应勘察资质的单位进行监测。

对于按照规定需要验收的危大工程，施工单位、监理单位应当组织相关人员进行验收。危大工程验收合格后，施工单位应当在施工现场明显位置设置验收标识牌，公示验收时间及责任人员。

危大工程发生险情或者事故时，施工单位应当立即采取应急处置措施，并报告工程所在地住房城乡建设主管部门。

建设、勘察、设计、监理等单位应当配合施工单位开展应急抢险工作。危大工程应急抢险结束后，建设单位应当组织勘察、设计、施工、监理等单位制定工程恢复方案，并对应急抢险工作进行后评估。

危大工程实施阶段的工作，是在专项施工方案的指导下现场落实方案的工作，是保障危大工程安全的最关键和决定性阶段。

（三）危大工程安全管理档案

施工、监理单位应当建立危大工程安全管理档案。

施工单位应当将专项施工方案及审核、专家论证、交底、现场检查、验收及整改等相关资料纳入档案管理。

监理单位应当将监理实施细则、专项施工方案审查、专项巡视检查、验收及整改等相关资料纳入档案管理。

各地区的实施细则中对危大工程档案有更明确的要求，实施过程中施工单位和监理单位应按实施细则进行细化，完善危大工程施工过程资料档案的管理。

二、危大工程中的监理工作

监理在进行危大工程管理时，要严格按相关法律法规开展工作，增强安全意识和技能水平，有效地监督和管理危大工程，确保工程安全、顺利地进行。

（一）落实安全生产监理责任的主要工作

健全监理单位安全监理责任制。监理单位法定代表人应对本企业监理工程项目的安全监理全面负责。总监理工程师要对工程项目的安全监理负责，并根据工程项目特点，明确监理人员的安全监理职责。

完善监理单位安全生产管理制度。在健全审查核验制度、检查验收制度和督促整改制度基础上，完善工地例会制度及资料归档制度。定期召开工程例会，针对薄弱环节，提出整改意见，并督促落实；指定专人负责监理内业资料的整理、分类及立卷归档。

建立监理人员安全生产教育培训制度。监理单位的总监理工程师和安全监理人员须经安全生产教育培训后方可上岗，其教育培训情况记入个人继续教育档案。

各级建设主管部门和有关主管部门应当加强建设工程安全生产管理工作的监督检查，督促监理单位落实安全生产监理责任，对监理单位实施安全监理给予支持和指导，共同督促施工单位加强安全生产管理，防止安全事故的发生。

（二）安全监理行为

安全监理的生产制度主要是审查核验制度、检查验收制度和督促整改制度，辅以工地例会制度和资料归档制度。

监理的审查核验制度，安全监理方面监理应审查：危大工程专项施工方案、专项施工方案的修改、施工组织设计、有关技术文件和资料、施工单位资质、安全生产许可证、项目经理专职安全人员资格、项目部人员资格。要核验：危大工程清单、危大工程方案交底及安全施工交底、第三方监测、特种作业人员资格证、施工单位应急救援预案、安全防护措施费使用计划等。

安全监理检查验收制度，应检查：危大工程公告、专项巡视检查、危险区域安全警示标志、验收标识牌、安全生产规章制度、安全监管机构的建立健全、专职安全生产人员配备、安全标志、安全防护措施、安全生产费用使用情况、建设单位组织的安全检查等。验收工作有：危大工程验收、核查安全设施验收手续。

安全监理督促整改制度，应监督：按施工组织设计的安全技术措施实施、按专项施工方案实施、督促施工单位自查（抽查）等。整改方面：及时制止违章作业，发出监理通知单、工程暂停令、监理报告等。发生事故，要配合应急抢险。

做好安全监理工作，监理要做好：监理规划、监理实施细则，进行监理人员安全生产教育培训，参加超危大工程的专家论证，做好包含危大工程安全管理的档案资料管理。

（三）安全监理应关注的三方工作

监理单位应对所监理工程的施工安全生产进行监督检查，与施工安全生产相关的施工单位和建设单位的相关行为都是监理关注和管理的重点（表1）。

（四）监理人员危大工程安全监理责任分工

项目监理机构是在总监理工程师领导下的团队工作，要分工协作，完成危大工程的监理工作，危大工程安全监理的职责分工如表2所示。

危大工程的监理工作，要清晰地知道落实安全生产监理责任的主要工作，厘清安全生产中建设单位、施工单位和监理单位的工作内容、方法和程序，各级监理人员要明确责任分工，对监理工程的安全生产情况进行监督检查。

三、安全监理的困惑

监理行业一直对安全监理深恶痛绝，既痛苦又无奈。监理是不是安全生产经营单位的问题，影响发生事故后对监理的处罚。施工过程中安全旁站不时出现在各地的管理措施中，无形中扩大了监理职责范围，影响安全监理工作。

（一）监理的安全生产经营单位问题

监理人员认为监理不是安全生产经营单位，但处罚时，按安全生产经营单位处罚，比施工单位还重。

1996年的《建筑法》中没有明确提出监理的安全生产责任。中华人民共和国国务院令第393号《建设工程安全生

安全监理应关注的工作 **表1**

监理单位		施工单位			建设单位
内业	外业	需监理审批	需监理审核	现场实施	
监理规划	专项巡视检查	施工组织设计	危大工程清单	危大工程公告	提供水文地质、周边环境资料
监理实施细则	配合应急抢险	施工单位资质	危大工程方案交底及安全施工交底	危险区域安全警示标志	办理安全监督手续
监理人员安全生产教育培训		安全生产许可证	特种作业人员资格证	按方案实施	支付危大工程技术措施费及安全防护文明措施费
及时制止违章作业		项目经理、专职安全人员资格及配备、项目部人员资格	安全防护措施费用使用计划	施工作业人员登记	参加超危大专家论证会
监理通知单		专项施工方案	安全防护措施安全生产费用的使用情况	专职安全生产管理人员现场监督	签署第三方监测合同
工程暂停令		超危大专家论证会		项目负责人组织限期整改	
监理报告		专项施工方案修改		施工监测	组织安全专项检查
危大管理档案		应急救援预案		安全巡视	
		安全防护措施费用使用计划		危大工程验收	
		安全生产规章制度		验收标识牌	
		安全监管机构的建立健全			

监理人员危大工程安全监理职责分工表 **表2**

工作内容	职责分工		
	总监理工程师	专业监理工程师	监理员
审查施工单位编制的危大工程清单	组织	参加	
审查专项施工方案	组织，审核并盖执业印章	参加，提出审查意见	
超危大工程专项施工方案专家论证会	参加	参加	
专项监理实施细则编制	组织编制并审批	编制	
审查危大工程动工条件	组织	审查	协助审查
专项巡视检查	组织	实施	协助实施
危大工程验收	参加重要验收节点验收，签署验收意见	参加，提出验收意见	宜参加
应急救援抢险	组织有关监理人员参加	参加	宜参加
专项监理文件资料管理	组织	实施	协助管理

产管理条例》中第四条：建设单位、勘察单位、设计单位、施工单位、工程监理单位及其他与建设工程安全生产有关的单位，必须遵守安全生产法律法规的规定，保证建设工程安全生产，依法承担建设工程安全生产责任。第十四条：工程监理单位和监理工程师应当按照法律法规和工程建设强制性标准实施监理，并对建设工程安全生产承担监理责任。

2006 年发布的《关于落实建设工程安全生产监理责任的若干意见》(建市〔2006〕248 号)，监理单位应当按照法律法规和工程建设强制性标准及监理委托合同实施监理，对所监理工程的施工安全生产进行监督检查。

从《建设工程安全生产管理条例》看，建设工程安全生产监理责任是建设安全生产责任。从监理人员的角度理解看，监理不是《安全生产法》中的生产经营单位，安全生产责任不应当由监理承担。

对各类安全生产事故的处理，一直没有解决监理是否应该按生产经营单位处罚的问题。

(二)安全旁站问题

在《危险性较大的分部分项工程安全管理规定》中，监理的现场管理措施是“专项巡视检查”。各地出台实施细则时，有的地方规定提出“对超过一定规模的危大工程实行旁站监理”，是与上位法规不一致的。

旁站监理是监理的质量控制手段，国家的法律法规和规范中没有“安全旁站”的提法，安全旁站不是监理的法定责任，危大工程的专项巡视检查才是监理的法定责任。

地方性法规对监理超标准的要求，是监理在地方性法规制定过程中没有得到重视的体现。监理人员在做好监理工作的同时，要积极发声，引导地方政府主管部门正确确定监理安全生产的法定职责。

四、安全生产重大隐患与危大工程范围

2022 年 4 月 19 日颁布的《房屋市政工程生产安全重大事故隐患判定标准(2022 版)》(建质规〔2022〕2 号)与 2018 年的《危险性较大的分部分项工程安全管理规定》(住建部令第 37 号)中，危大工程与重大事故隐患的定义、事项和内容高度重合，做好重大事故隐患的判定和管理是做好危大工程的安全生产监理工作的前提和基础，应同等重要，同步进行。

(一)施工安全管理的重大隐患

1. 建筑施工企业未取得安全生产许可证擅自从事建筑施工活动。

2. 施工单位的主要负责人、项目负责人、专职安全生产管理人员未取得安全生产考核合格证书从事相关工作。

3. 建筑施工特种作业人员未取得特种作业人员操作资格证书上岗作业。

4. 危大工程未编制、未审核专项施工方案，或未按规定组织专家对“超过一定规模的危险性较大的分部分项工程范围”的专项施工方案进行论证。

(二)危大工程和重大事故隐患都包含的分部分项工程

土方开挖、基坑支护、降水工程，模板工程及支撑体系工程，起重吊装及起重机械安装拆卸工程，脚手架工程，拆除工程，暗挖工程，其他如建筑幕墙、钢结构、网架和索膜结构安装、人工挖扩孔桩工程，水下作业工程，装配式建筑混凝土预制构件，采用新技术、新工艺、新材料、新设备可能影响工程施工安全等尚无国家、行业及地方技术标准的分部分项工程。

(三)危大工程范围不包含的重大事故隐患

施工临时用电方面的重大事故隐患，特殊作业环境(隧道、人防工程，高温、有导电灰尘、比较潮湿等作业环境)照明未按规定使用安全电压的，应判定为重大事故隐患。

有限空间作业方面的重大事故隐患，有限空间作业未履行“作业审批制度”，未对施工人员进行专项安全教育培训，未执行“先通风、再检测、后作业”原则；有限空间作业时，现场未有专人负责监护工作。

从上面的分析内容可以看出，危大工程的安全监理工作中，监理首先要做好安全隐患的排查，参建各方责任主体在危大工程中的责任和工作基本已包含在隐患中，监理安全隐患排查处理到位，基本能避免各责任主体责任事故的发生，安全监理就发挥了政府主管部门期望的作用。

五、政府主管部门的监督管理

设区的市级以上地方人民政府住房城乡建设主管部门应当建立专家库，制定专家库管理制度，建立专家诚信档案，并向社会公布，接受社会监督。

县级以上地方人民政府住房城乡建设主管部门或者所属施工安全监督机构，应当根据监督工作计划对危大工程进行抽查。

县级以上地方人民政府住房城乡建

设主管部门或者所属施工安全监督机构，可以通过政府购买技术服务方式，聘请具有专业技术能力的单位和人员对危大工程进行检查，所需费用向本级财政申请予以保障。

县级以上地方人民政府住房城乡建设主管部门或者所属施工安全监督机构，在监督抽查中发现危大工程存在安全隐患的，应当责令施工单位整改；重大安全事故隐患排除前或者排除过程中无法保证安全的，责令从危险区域内撤出作业人员或者暂时停止施工；对依法应当给予行政处罚的行为，应当依法作出行政处罚决定。

县级以上地方人民政府住房城乡建设主管部门应当将单位和个人的处罚信息纳入建筑施工安全生产不良信用记录。

六、监理的法律责任

监理单位有下列行为之一的，依照《安全生产法》《建设工程安全生产管理条例》对单位进行处罚；对直接负责的主管人员和其他直接责任人员处1000元以上5000元以下的罚款：

（1）总监理工程师未按照规定审查危大工程专项施工方案的。

（2）发现施工单位未按照专项施工方案实施，未要求其整改或者停工的。

（3）施工单位拒不整改或者不停止施工时，未向建设单位和工程所在地住房城乡建设主管部门报告的。

监理单位有下列行为之一的，责令限期改正，并处1万元以上3万元以下的罚款；对直接负责的主管人员和其他直接责任人员处1000元以上5000元以下的罚款：

（1）未按照规定编制监理实施细则的。

（2）未对危大工程施工实施专项巡视检查的。

（3）未按照规定参与组织危大工程验收的。

（4）未按照规定建立危大工程安全管理档案的。

推行全过程工程项目咨询的难点及对策

巩传明
山东世纪华都工程咨询公司

摘　要：我国固定资产投资项目建设水平趋于平稳，为更好地实现投资建设目标，投资单位在固定资产投资项目前期决策、工程建设、项目运营维护过程中，对综合性、跨阶段、一体化的咨询服务需求日益增强。这种需求与现行制度及通行做法造成的单项服务供给模式之间的矛盾日益突出。为深入贯彻习近平新时代中国特色社会主义思想和党的二十大精神，深化工程领域咨询服务供给侧结构性改革，破解工程咨询市场供需矛盾，实施全过程工程项目咨询势在必行。

关键词：全过程工程项目咨询；难点；对策

一、全过程工程项目咨询的基本概念、特点

全过程工程项目咨询是对工程建设项目前期研究和决策以及工程项目实施和后期运行维护等的全生命周期提供包含前期决策咨询、设计和规划等在内的涉及组织、管理、经济和技术等各有关方面的工程咨询服务。具体包括前期决策咨询、招标代理、勘察、设计、监理、造价、项目管理等服务内容。现阶段开展全过程工程项目咨询就是要将原来交由多个中介服务单位分段实施的服务内容交给一家全过程咨询服务单位或一个咨询服务联合体统一协调实施，从而提供高效的综合性、跨阶段、一体化的咨询服务。

通过开展全过程服务咨询，可以减少建设单位的大量对接、协调等工作，将此部分工作交由专业的全过程咨询服务公司来实施，从而降低原来分段确定投资决策咨询单位、招标代理单位、勘察单位、设计单位、监理单位、造价单位、项目管理单位等实施单位的人力、财力、物力、时间的消耗。由一个总咨询单位协调各个服务单位，实现信息共享，更加有利于保障工程项目实施的质量与安全，提高效率，节省建设投资。

二、当前有关全过程工程项目咨询的现状

长期以来，我国的工程项目建设咨询服务市场形成了前期决策咨询、招标代理、勘察、设计、监理、造价、项目管理等各专业的咨询服务业态。一个工程项目的建设单位往往需要聘请前期决策咨询、招标代理、勘察、设计、监理、造价、项目管理等多达七八家单位提供咨询服务，各个专业咨询服务单位之间围绕一个共同的工程建设项目各自开展相应的咨询服务。而建设单位则负责各个服务单位间的对接、协调等工作，这些服务参与单位间信息不共享，协调难度大。如前期决策咨询确定的投资额、建设规模、建设标准、选址条件等在招标投标阶段需要由建设单位整理后，再提供给招标代理机构，由其确定招标文件；而招标代理机构需要的工程量清单等造价文件可能需要由建设单位另行确定的造价咨询单位来提供，而造价咨询单位在清单编制过程中材料设备等的定价档次、品牌，控制价编制的范围等需要与招标代理单位进行对接、传递从而反映到招标文件中，在传递过程中易发生信息传递不准确、理解错误等问题，可能导

致招标开展延误；项目造价单位在展开工程项目造价的预结算过程中遇到设计不明确或错漏的地方则需要建设单位组织勘察、设计单位来进行协调解决，而这又需要时间。监理单位、造价单位、项目管理单位间的职能存在交叉，如何更好地协调好各方之间的关系、发挥好各自的业务专长及提高工作效率，需要建设单位多次反复不停地进行协调沟通。

总之，目前在项目立项、实施过程中主要是各家咨询中介服务单位分别与建设单位签订合同，负责各自业务范围内的事项，遇有业务交叉等事项时已有的信息不能共享，需建设单位反复协调各单位相关工作内容，协调工作量较大，效率较低。在此大背景下，很有必要以工程建设环节为重点推行项目全过程咨询。鼓励建设单位委托一家咨询单位提供前期决策咨询、招标代理、勘察、设计、监理、造价、项目管理等全过程咨询服务，满足建设单位一体化服务需求，增强工程建设过程的协同性。亦可由多家具有前期决策咨询、招标代理、勘察、设计、监理、造价、项目管理等不同专业不同能力的咨询单位联合实施，并且协商确定牵头人，通过合同明确牵头人及各参与单位各自的责权利，从而能够不断提高投资效益、保证工程建设安全质量，确保项目实施进度。目前国内采用全过程工程咨询的项目较少，正处在推行、试点阶段。

三、推行全过程工程项目咨询的难点

1. 可以从事全过程咨询的复合型人才缺乏。目前，相关文件要求全过程咨询的项目负责人应当取得工程建设类注册执业资格且具有工程类、工程经济类高级职称，并具有类似工程经验。全过程咨询的其他参与人员亦应具备与所从事业务相适应的能力与资格。现阶段同时具备前期决策咨询、招标代理、勘察、设计、监理、造价、项目管理等业务能力与资格并且相关从业经验丰富的人员相对较少。

2. 现有咨询单位独立从事全过程项目咨询的整体能力有待提高。若采用多家具有项目前期咨询、招标代理、勘察、设计、监理、造价、项目管理等不同能力的咨询单位来联合实施，则参与联合实施单位间的责权利划分成为难点。现有咨询单位大部分为从事前期决策咨询、招标代理、勘察、设计、监理、造价、项目管理等这些业务中的一个或几个专业的咨询单位。首先，这些单位对全过程咨询项目的开展缺乏经验，全过程咨询项目如何规范开展，如何从组织上、技术上保障全过程咨询的顺利高效进行，从单位内部如何协调各专业间的关系及搭建起各专业间的联系纽带，这些都是摆在全过程咨询单位面前的新的课题。再次，对原来未从事其他业务的专业技术能力欠缺，相关的质量保证措施不完善。最后，单位内部原来执行的业务开展流程、制度与全过程咨询不相符、不配套。

3. 有关主管部门在全过程咨询服务方面的有关法规政策、技术标准、合同示范文本、标准全过程咨询服务招标文件等尚不完善。有关部门如何规范地开展对全过程咨询服务单位从业行为的监管，如何设置监管的关键控制节点，如何在推进“放管服”改革、减少对企业约束和限制的要求下，既充分保证项目参与单位的合法自主权又确保监管到位、创造良好的政策和市场环境，需要相关部门进行探索与研究。

4. 项目投资方对全过程咨询服务认知程度不够，对采用全过程咨询可能带来的优点认识不足，从而使投资主体短期内对全过程服务的认可度较低。采用全过程咨询服务是否会带来服务酬金的大幅度增加，是否会削弱项目投资方对项目的整体把控，是否有其他不可预见的问题，相比已经使用熟悉的分阶段咨询而言，项目投资方会存在各种担忧。

5. 各地方各专业的有关工程咨询的行业协会较多，各自管理各个专业的会员，行业协会间的联系较少，相关信息共享度较低。缺少全过程咨询行业协会来协调各专业协会为广大会员提供相关服务，实现信息共享与业务交流。

四、解决全过程工程项目咨询难点的对策

1. 从事全过程咨询的咨询单位要高度重视对全过程工程咨询项目负责人及相关专业人才的培养，专门拿出时间与资金对现有人员进行再教育，加强技术、经济、管理及法律等方面的理论知识培训，培养一批符合全过程工程咨询服务需求的综合型人才。相关部门可建议教育主管部门在大学设置全过程咨询的相关专业，从基础上提高从业人员理论知识水平。相关行业协会要加强全过程咨询人员的培训、考核，提高从业人员的技术水平与道德素养。

合格的全过程咨询服务人员应具有技术、经济、管理、法律等方面的知识与经验，在为建设单位提供服务时能针对项目的特点、工艺流程等提出合理化建议，在确保质量与安全的前提下节约

投资、缩短工期，为项目单位提供增值服务。

2. 要全面提高全过程咨询单位的服务能力。全过程项目咨询单位的综合协调能力、技术能力、商务谈判能力等需要加强。全过程工程咨询服务企业应根据全过程工程咨询服务的实际需要，建立与之相适应的专业部门，加强和完善企业组织机构和人员结构。探索、研究总结全过程咨询的经验，制定切实可行的全过程工程咨询服务管理体系、服务标准及操作规程在企业内部执行，必要时可将执行效果好的全过程服务相关企业标准、操作规程等向行业主管部门、行业协会等推荐，为其制定相关行业标准提供参考。对现有的工作流程、制度进行梳理、更新与完善，制定适合全过程咨询业务开展的流程、制度。大力开发和利用建筑信息模型（BIM）、大数据、物联网等现代信息技术，努力提高信息化管理与应用水平，提高为建设单位提供咨询服务的能力。

采用多家具有项目前期咨询、招标代理、勘察、设计、监理、造价、项目管理等不同能力的咨询单位联合实施全过程咨询的行业协会积极发挥中间人的作用，积极参与调解各参与单位之间的矛盾，协调相互间的责权利划分，根据投入越大收益越大的原则合理分配咨询服务收益，效率为主兼顾公平。有关部门和行业协会要鼓励各地方通过兼并、重组等方式培育从事全过程咨询的骨干企业，引领全过程咨询业务的发展。

一家优秀的全过程咨询单位应凭借自身的知识、经验等为建设单位提供增值服务，并可就节省的投资额预先在签订的咨询服务合同中约定奖励方式、比例，从而与项目单位实现利益共享，激发咨询服务单位的增值服务潜力与热情，更好地为建设单位提供咨询服务。

3. 建议有关主管部门及时制定相应的法规政策，明确全过程咨询单位的地位、成立标准、从业要求等。加强对全过程工程咨询服务活动的宏观引导和支持服务，有关部门要制定建设单位在确定全过程咨询服务单位时的相关标准招标文件及合同示范文本。对项目单位可按全过程咨询服务发包也可按分段咨询服务发包的项目，按全过程咨询服务发包的建议在项目审批流程等方面予以一定的简化。积极鼓励政府投资、国有投资项目优先采用全过程咨询服务企业为其提供服务。有关部门要创新监管方式，建立全过程咨询监管制度与流程，各有关部门要联合实施综合监管、联动监管，确保监管效果，提高监管效率。

4. 项目投资单位因长期采用分段咨询服务方式，受其影响，项目投资单位对采用全过程咨询有各种担忧也是可以理解的，这就需要广大全过程咨询服务单位、有关行业协会组织、政府相关部门等加强对全过程咨询服务优势的宣传，通过各种形式如咨询行业高层论坛、峰会等把全过程咨询服务的特点、优势等进行讲解、贯彻，打消投资主体的顾虑，促使提资单位实现由不太接受全过程咨询服务到积极地采用全过程咨询服务的转变。从政策上积极引导政府投资、国有投资项目发挥示范带头作用，积极展开试点，优先采用全过程项目咨询服务；鼓励民间投资积极采用全过程咨询，建议可适当在项目核准、备案等环节上予以简化流程。采用全过程咨询的项目将采用合同的形式明确约定全过程项目咨询单位与投资单位的责权利，政府相关部门制定相关的规范、标准、合同文本来约束全过程咨询服务单位的从业行为，确保不会削弱项目投资方对项目的整体把控。且因采用全过程咨询的投资单位减少了大量的协调等工作量而能腾出更多的精力来对项目的关键节点、重点部位进行关注与把控，更有利于项目的顺利实施，提高其投资效果。建议有关行业协会等积极组织行业骨干咨询服务单位、项目单位合理测算全过程咨询服务酬金，公布测算结果，打消投资单位对采用全过程咨询服务比采用分段咨询会增加服务酬金的顾虑。

5. 建议各行业咨询协会间加强协调与合作，发挥全过程咨询服务单位间合作的调和剂作用，加强会员单位间的合作与交流。行业协会应当充分发挥专业优势，做好政府的参谋，协助政府开展相关政策和标准体系、合同示范文本等的研究制定。行业协会要引导咨询单位提升全过程工程咨询服务能力，积极向政府传达企业的呼声与诉求。加强行业诚信自律体系建设，每年度进行行业诚信评价，公布行业诚信评价排名，对多次行业诚信排名倒数的会员进行告诫，使其提高行业诚信度。规范咨询单位和从业人员的市场行为，定期开展从业人员的业务交流与培训，提高从业人员的业务素质与执业水平。引导市场合理竞争，遏制低价不正当竞争。积极总结全过程咨询服务中取得的经验，吸取教训，为全面推行全过程咨询及政府政策法规制定等提供参考依据。建议各地成立全过程项目咨询服务协会，服务于广大全过程咨询单位。

浅谈深基坑施工的质量安全控制

王小勤
山西协诚建设工程项目管理有限公司

摘　要：本文从基坑开挖、降水、支护、监测、维护等方面论述了深基坑施工的控制要点，为深基坑施工管理提供了参考。

关键词：深基坑；质量安全；控制要点

引言

一般情况下，深基坑主要是指挖坑超过5m或者地下室在3层以上，或者深度并没有超过5m，但是地下环境以及地质条件等都特别复杂的工程。随着建筑业蓬勃发展，高层及多层建筑的地下室、地下商场、地下车库、地铁车站等工程施工都会面临深基坑工程。基坑工程具有非常强的区域性，要根据当地的实际情况来进行。基坑属于临时结构，具有一定的应急措施并且在施工过程当中进行监测。基坑具有很强的综合性，需要结合结构、施工技术以及岩土工程方面的知识。基坑工程还属于系统工程，包括土方开挖、支护体系，如果支护体系出现变形情况，很有可能会导致支护体系丧失稳定性，从而造成破坏的情况。工程技术人员应在工程中不断实践，总结经验，保证基坑支护结构在施工过程中的安全，控制结构和周围土体的变形，确保周围环境的安全。

深基坑施工的质量安全控制要点

（一）基坑开挖时注意的要点

1. 土方开挖方案应根据支护结构形式、降排水要求、周边环境、施工工期及气候条件等编制。土方开挖方案应包括开挖方法、开挖时间、开挖顺序、分段长度、分层深度、坡道位置、车辆行走路线、安全措施、环境保护措施、监测方案、应急预案和抢险措施等内容，根据施工周期还包括雨期、冬期施工措施。

（1）土方开挖前应进行定位放线，确定预留坡道类型，开挖坡度应符合支护设计要求。

（2）基坑开挖应按设计要求的施工顺序分层、分段、适时、均衡开挖。开挖前，应当对已完成的锚索施工，在达到强度后，进行张拉检验，张拉强度不得大于设计值的1.4倍。加载分别为设计值的0.1倍、0.4倍、0.6倍、0.8倍、1.0倍、1.2倍、1.4倍。加荷到最大并观察15min，待位移稳定后分级卸载，卸荷分别为设计值的1.4倍、1.2倍、1.0倍、0.8倍、0.5倍、0.3倍、0.1倍。开外深度应在锚索下50cm，严禁出现超挖情况。

（3）土方开挖过程中，应定期观测开挖深度、标高和边坡坡度，验证其是否符合设计要求。地下水埋深小于基坑开挖深度时，应随时观测水位标高。保证降水井正常工作，气动泵正常运转，水位线应在开挖深度以下50~100cm。

（4）土方开挖应有专人负责，并应符合下列规定：严格按开挖方案执行；土方开挖应结合支护、降水方案，紧密配合；边开挖、边测量，确保分层深度、分段长度、基坑坡度等；开挖至锚杆、土钉施工作业面时，开挖面与锚杆、土钉的高差不宜大于500mm，严禁超挖；基坑开挖过程中应采取有效措施防止碰撞支护结构、工程桩、降水井、监测点等或扰动基底原状土。

2. 深基坑应当列入危大工程专项施工方案的包括以下内容：

①工程概况：危大工程概况和特点，施工平面布置图、施工要求和技术保证条件。②编制依据：相关法律、法规、规范性文件、标准、规范及施工图设计文件、施工组织设计等。③施工计划：包括施工进度计划、材料与设备计划。④施工工艺技术：技术参数、工艺流程、施工方法、操作要求、检查要求等。⑤施工安全保证措施：组织保障措施、技术措施、监测监控措施等。⑥施工管理及作业人员配备和分工：施工管理人员、专职安全生产管理人员、特种作业人员、其他作业人员等。⑦验收要求：验收标准、验收程序、验收内容、验收人员等。⑧应急处置措施。⑨计算书及相关施工图纸。

3. 深基坑的施工时一定要按以下要求进行施工：深基坑涉及工作人员安全，进入施工现场的所有人员必须戴好安全帽，并服从现场管理人员的指挥。基础开挖时，应在基坑周围临边不小于 1.5m 处及基坑周边设置 1.2m 高防护栏和警示灯，人员上下必须走安全梯（要有防滑措施）。

（二）基坑支护时的注意要点

1. 基坑支护是为保证地下结构施工及基坑周边环境的安全，对基坑侧壁及周边环境采用的支挡、加固与保护措施。深基坑支护的方法主要有排桩或水泥土桩墙、地下连续墙、土钉墙、逆作拱墙等。

2. 基坑支护的特点：

①基坑支护工程是临时工程，不同区域的地质条件特点也不相同；②基坑支护工程造价高，开工数量多，技术复杂，涉及面广，变更因素多；③基坑支护工程正向大深度、大面积方向开展，有的长度和宽度均超过 100m，深度超过 20m；④在软土、高地下水位及复杂园地前提下开挖基坑，很容易产生土体滑移、基坑失稳、桩体变位、坑底隆起、支挡布局严重漏水、流土乃至破坏等病害，对周边设备物、地下修建物及管线的安全造成很大威胁；⑤基坑支护工程包含挡土、支护、防水、降水、挖土等许多关键节点，某一节点无效将会导致全部工程的质量不佳；⑥基坑支护工程造价较高，又是临时性工程，一旦出现破坏，社会影响十分严重；⑦基坑支护工程施工周期长。

3. 深基坑支护的技巧：

（1）排桩支护。排桩支护是将钢筋混凝土挖孔、钻（冲）孔灌注桩柱列式隔断安插，且在桩顶浇筑较大截面的钢筋混凝土帽梁以增加各桩之间的可靠性，其中柱列式隔断安插分为桩与桩之间有必然净距的疏排安插形式和桩与桩之间相切的密排安插形式。

（2）水泥土桩墙。水泥土桩墙通常呈格构式安插，要紧紧依靠其本身自重和刚度保护基坑土壁安全，普通不设支撑，特殊情况下可在采取措施后部分进行加设支撑，水泥土桩墙可分为深层搅拌水泥土桩墙和高压旋喷桩墙等。

（3）地下连续墙。地下连续墙是泥浆护壁前提下，沿着深开挖工程的周边轴线采用一种挖槽机器开挖出一条狭长的深槽，清槽后，在槽内吊放钢筋笼，而后用导管法浇筑水下混凝土形成一个单位槽段，最终在地下浇筑成一道连续的钢筋混凝土墙壁。

（4）逆作拱墙。逆作拱墙将基坑开挖成圆形、卵形等弧形平面，并沿基坑侧壁分层逆作钢筋混凝土拱墙，行使拱的作用将垂直于墙体的土压力转化为拱墙内的切向力，以充分行使墙体混凝土的受压强度，从而满足强度和稳定的要求。

（三）基坑支护降水时的注意要点

1. 深基坑的降水方法有多种，总体来讲有截水法、降水法、帷幕排水法、集水井明排法等。各个地区的施工队伍应根据深基坑当地的土壤水文地质状况加以认真选择，决不可掉以轻心。选择一个适宜的降水方法，不仅可以大大提高施工时的安全系数，还可以降低工程造价，节省大量资金。

2. 基坑降水施工前应进行试验性降水，对预测点及关键地点进行观测。降水施工时应布置观测井，观测周边及坑内水位变化，以便及时调整排水量或采取回灌等措施，消除坑外不良影响。

①降水井、回灌井成井后要及时洗井，含砂量应小于万分之五；②回灌用水应采用清水；③基坑降水施工前应编制降水施工应急预案，降水过程中应进行降水水位、出水量及水质和环境监测，并应做好观测记录；④抽水系统在使用期应按照要求做好维护；⑤水系统的使用期应满足主体结构的施工要求。当主体有抗浮要求时，停止降水的时间应满足主体结构施工期的抗浮要求。

（四）基坑监测的注意要点

1. 基坑监测是基坑工程施工中的一个重要环节，是指在基坑开挖及地下工程施工过程中，对基坑岩土性状、支护结构变位和周围环境条件的变化，进行各种观察及分析工作，并将监测结果及时反馈，预测下一步挖土施工后将导致的变形及稳定状态的变化，根据预测判定施工对周围环境造成影响的程度，来指导设计与施工，实现所谓信息化施工。

2. 基坑监测主要包括支护结构、相

关自然环境、施工工况、地下水状况、基坑底部及周围土体、周围建（构）筑物、周围地下管线及地下设施、周围重要的道路，以及其他应监测的对象。针对每个施工项目，应根据基坑工程安全等级、环境保护等级、场地土特点、基坑支护形式、施工工艺等因素综合确定。

3. 基坑工程监测方案包括以下内容：

①工程概况：主体建筑工程概况、建设场地岩土工程条件及基坑周边2~3倍基坑深度范围内的环境状况、基坑工程专项设计说明及相关图、基坑安全等级、使用年限等。②编制依据。③监测内容及项目：监测对象、仪器监测项目、巡视检查项目。④监测点布设及技术要求：监测人员的配备、监测仪器设备及标定要求、基准点、监测点的布置与保护、监测方法及精度、监测期和监测频率、监测报警及异常情况下的监测措施。⑤监测信息：监测数据、监测点随时间变化的曲线、信息处理、反馈。⑥作业安全及其他管理措施。

4. 基坑监测超出报警值或出现明显变形和裂缝渗漏等情况，现场应采取应急措施。立即停止施工，并迅速组织施工及相关人员撤离施工现场。找专家对深基坑情况进行专家论证，根据专家意见尽快整改补救措施。

（五）深基坑施工的其他施工要点

1. 基坑开挖和支护结构使用期内，应对基坑进行维护

①雨期施工时，应在坑顶、坑底采取有效的截排水措施；对地势低洼的基坑，应考虑周边汇水区域地面径流对基坑汇水的影响；排水沟、集水井应采取防渗措施。②基坑周边地面宜作硬化或防渗处理。③基坑周边的施工用水应有排放措施，不得渗入土体内。④当坑体渗水、积水或有渗流时，应及时进行疏导、排泄、截断水源。⑤开挖至坑底后，应及时进行混凝土垫层和主体地下结构施工。⑥主体地下结构施工时，结构外墙与基坑侧壁之间应及时回填。

2. 基坑超挖后会造成的后果及预防措施

（1）基坑超挖轻则引起基坑过大变形、开裂，重则导致支护结构破坏或土体滑坡，最终基坑坍塌。基坑坍塌会使基坑周边环境受损，造成周边已有建（构）筑物、道路、管线变形、开裂，同时影响坑内作业人员安全；严重的情况会威胁到基坑内作业人员的生命安全，酿成重大安全事故。如果超挖，与正常开挖深度比较，基底以上主动土压力变大，水平位移增大，支护结构内力增大，超过极限值，则最终导致支护结构失效，基坑坍塌；如在基坑支护不到位的情况下，超挖会使土的剪应力增加，一旦剪应力增加，超过极限值，同样会造成滑坡或者坍塌。

（2）造成基坑超载的主要原因是基坑周边堆料离基坑边距离太近、堆载太多，临时设施布置、加工操作棚、运输道路、施工及生活用水、塔吊位置、泵车停放位置、基坑周边安全防护及人员上下基坑通道等，平面布置不合理，或与方案设计不一致，或施工过程实际堆载超过方案设计时的荷载取值。

（3）预防措施：开挖时间及施工情况符合设计要求；严格按开挖方案执行；边开挖边测量确保分层深度；遵循分层、分段、适时、均衡的开挖原则；土钉锚杆承载力龄期达到设计要求后方可下挖；混凝土内支撑强度达到设计强度后方可开挖；土方不堆放在基坑边缘，随挖随走；基坑周边1.2m内不得堆载，3m内限载；除设计考虑外，坑边严禁重型车通行；坑边1倍开挖深度范围如布置临设及住房需设计同意并审批通过。

3. 基坑遭水浸的后果和预防措施

（1）基坑遭水浸可能是以下几种原因：雨水及基坑外的水进入坑内，基坑边管道渗漏，局部浅层滞水，截水帷幕严重渗漏，开挖引起的管涌、突涌等。基坑遭水浸会使土的内摩擦角减小，主动土压力变大，水平和竖向位移增大，抗倾覆和整体稳定安全系数减小，使基坑及支护结构变形、开裂，严重的可造成基坑失稳坍塌。

（2）预防措施：在基坑上部、下部和四周设置排水系统；确保坡度坡向正确；坑边路面宜硬化；地面设置防渗排水措施；雨期开挖工作面不宜过大，逐段逐片完成；做好场地的施工用水、生活污水和雨水的疏导排水；采取相应的截水、降水、排水措施。如果发现渗漏点出现在止水帷幕和锚索孔处，应当立即进行堵漏处理，防止出现水通道现象。

结语

随着城市建设的快速增长，人防、地下室基坑开挖深度也较前些年越来越深，开挖环境也越来越复杂，设计和施工人员随时都会遇到新的问题，工程技术人员应积极推进深入基坑动态设计和信息化施工技术，加强监测力度，完善施工工艺技术，避免基坑施工工程事故，进一步推动深基坑支护施工发展。为了使深基坑工程施工更安全、经济、合理，施工时更应充分分析深基坑项目施工的重点、难点，根据项目设计和施工现场实际情况提出良好的方案。

基于 BIM 技术在高铁新城发展大厦项目智能建造技术创新应用

杨春晓
云南天启建设工程咨询有限公司

摘　要：公司结合玉溪高铁新城发展大厦项目，并结合建筑信息模型标准，实现了高效的数据共享。公司通过推进智慧工地建设提高施工现场工作效率，增强项目管理水平，以及提升行业监管和服务能力。

关键词：BIM技术；可视化交底；智慧工地

一、项目简介

玉溪高铁新城发展大厦项目选址于中心城区西侧，高铁新城整体占地约 800 万 m^2，其中住宅用地总面积为 352.95 万 m^2，商业用地总建筑面积为 120.99 万 m^2。该片区将按照海绵城市、智慧城市、生态园林城市的理念进行规划，同时融入国家“一带一路”建设，引进资源，优化产业布局，最终把高铁新城打造成“东盟商贸明珠”，把玉溪建成面向东南亚的辐射中心。发展大厦建设项目位于玉溪市红塔区玉溪高铁站东北侧，总用地面积 13920.5m^2，地下室共 2 层，发展大厦地上 16 层，综合楼地上 5 层。该工程项目包括发展大厦、多功能厅，工程地下为剪力墙结构，地上为钢结构，钢结构主体结构体系类型为钢框架 – 支撑结构。

二、BIM 技术应用背景

由于项目工期紧张、结构多为型钢组合混凝土结构、现场钢结构施工困难、施工机械多等因素，为确保项目顺利进行，云南天启建设工程咨询有限公司引进 BIM 技术，用先进的技术管理、高效的生产管理及精准的成本控制，采取有效措施，保障工程项目如期完工，确保工程质量顺利验收。BIM 技术的应用在项目监理过程中，注入了新的活力，让玉溪高铁新城成为云南天启在玉溪树形象的关键转折点，给玉溪人民交上了一份满意的答卷。

公司结合该项目的特点，结合云南建筑信息模型标准明确了 BIM 的应用目标、BIM 基本建模应用流程以及项目 BIM 交互标准，确保数字化 BIM 文件结构的正确，从而实现高效的数据共享，同时使多专业团队，既能在内部，也能在对外的 BIM 环境中进行协作（图 1、图 2）。

三、主要应用

公司引进 BIM 技术，具体应用包括图纸设计变更、钢结构深化设计、管

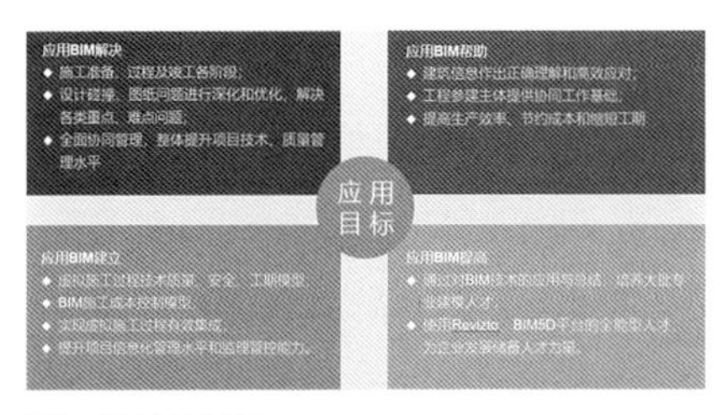

图1　BIM应用目标

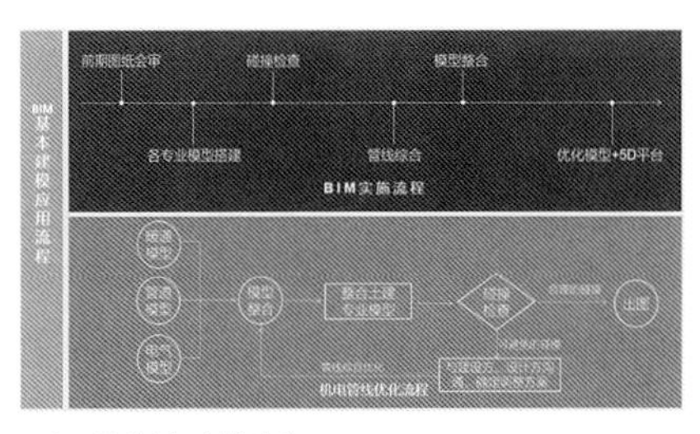

图2　BIM基本建模流程

线碰撞检测、Revit 出图、净高分析、可视化交底、扫码辅助施工验收、隐蔽工程管理、钢筋自动下料、4D 施工模拟、BIM5D 成本管控、BIM+VR 安全体验、BIM+Revizto 管理平台等 10 多项核心应用。通过先进的技术管理、高效的生产组织管理及精准的成本控制，推进工程管理信息化，实现基于 BIM 的项目级大协同。

（一）场地布置

利用 BIM 技术建立三维的现场平面，针对工程的各个阶段，采用平面布置跟随现场模拟施工的方式，模拟各个阶段现场施工时各种材料堆场的布置以及材料进出场线路，以最终决策各个阶段优化的平面布置，以及场区内材料的周转和人员的流动，形成最优的方案，提高生产施工效率。运用 BIM 对施工场地进行合理布置，综合考虑建筑物与管线、临时道路、加工场地、堆放场地及施工机械的相互关系，并根据不同施工阶段及时进行调整，动态管理，使平面布局更为合理。

（二）图纸会审

土建施工图的优化与调整。在工程施工前通过 BIM 结合施工现场实际情况，利用 BIM 的三维可视化性，及时将图纸存在的问题向设计单位反馈并及时解决，避免出现工期延误和返工的可能。工程体量大，专业分包多，施工难度大，施工工期短，仅有设计图是不够的，因此只有做好图纸会审，图纸中的问题被及时发现、及时解决，从而提高施工质量，缩短施工工期，节约工程成本。

（三）净高分析

通过 BIM 模拟预建造，对地下一层走廊处，空间狭小、管线密集或净高要求高的区域进行净高（空）分析，提前发现不满足净高（空）要求功能和美观需求的部位，避免后期设计变更，从而缩短工期、节约成本。

（四）机电优化设计

机电管线综合碰撞检测，通过软件的碰撞检测功能对各个专业间管线进行碰撞检查，并导出报表明确碰撞位置，然后进行管线碰撞调整和优化，避免出现"错、漏、碰、缺"等现象（图 3）。

通过模型导出的 CAD 平面图及剖面图，指导现场放线、安装，最大限度避免因工序或各专业标高问题引起的返工。通过对平面、三维轴测、剖面的分析，及定位分析，提供准确的设备加工图，为预制加工风管等非标设备提供了详细的图纸，从而节省了工期。

（五）BIM 优化消防管网

在该项目消防工程施工管理过程中充分运用 BIM 技术（消防安装），用 BIM 精细化建模（图 4）。通过多维可视化、碰撞检查、漫游等可以让业主掌握项目概况，减少消防设备安装位置冲突，增加图纸精确性，提高主材下料准确性；提前协调多专业安装位置，减少消防工程施工过程中的矛盾，提高施工效率。

传统的消防验收通常由验收人员对照竣工图纸根据消防验收评定规则对建筑各单项、分项工程按照一定的抽查比例进行验收，其过程主要依靠验收人员的工作经验进行现场评判，受场地及时间限制往往无法对建筑工程进行全面的验收检查，容易出现遗漏及误解的情况。通过 BIM 模型，消防验收人员可以指挥前方验收辅助人员到达指定位置，既可避免依靠二维图纸沟通容易出现误解的情况，又可直观进行实际消防施工情况画面与 BIM 模型的比对，对消防施工与设计的吻合度一目了然，而且该模型可作为验收资料进行存档便于日后查看（图 5）。

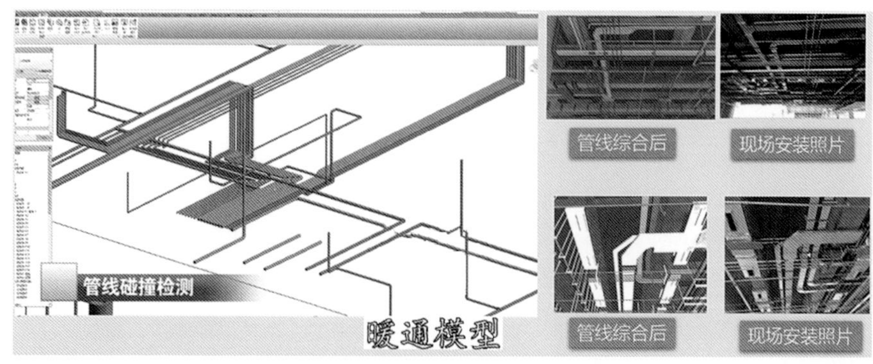

图3　管线综合

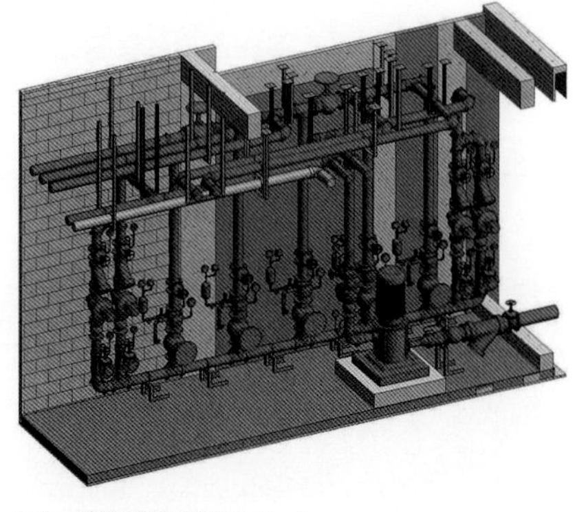

图4　消防系统透视图（一）

图5　消防系统透视图（二）

（六）钢结构深化设计

通过 Tekla 建模软件，对构件节点区复杂部位进行碰撞检测，利用软件自动计算并显示出碰撞的零件，再对碰撞的零件进行修改，重复碰撞检测过程，避免加工厂无法加工或现场无法安装的现象发生。

（七）基于 BIM 的可视化交底

公司结合项目需求，对常用重点施工工艺进行了族库建立及工艺动画制作。项目 BIM 工作组可利用族库针对项目进行工艺模拟，用以指导现场施工，减少施工工序错漏，提高现场施工效率。通过虚拟样板（模型）具有不占场地、没有误差、不会损坏、方便查看等优点，故现场采用三维虚拟样板与实体样板相结合的方式，通过 BIM 动画及模型进行交底，长此以往，虚拟样板将逐步取代实体样板。

（八）临边洞口安全设计

施工期间，安全管理人员依据模型对施工现场临边洞口进行安全设计，提前识别施工中可能发生的危险源，做到安全风险的前期预控。本项目利用三维 BIM 模型建立标准化安全防护，直观快速地识别四口五临边位置和危险源，指导安全防护和消防设施的部署，对工人进行直观的三维安全交底和逃生救援演练。

（九）构件二维码扫描，辅助施工验收

现场施工验收复杂、烦琐，利用 BIM 系统自动生成的构件二维码与现场构件挂接，验收时，扫描二维码，可将蓝图信息与实际信息进行对比，使得施工验收工作简便、快捷、高效，辅助施工验收。

（十）快速统计工程量

BIM 模型结合现场实际施工情况，通过 BIM 模型快速提取所需物资计划工程量，使数据更具有追溯性。项目主体为钢结构，通过量的提取与材料单进行对比解决了项目物资计划、采购、审核的工程量数据不及时，避免凭经验、指标做决策，做到精细化管控。

（十一）基于 BIM 技术的进度管控

针对工程工期紧张、现场钢结构施工困难，项目应用 4D 施工模拟验证进度计划安排的合理性，过程中添加实际完成时间进行进度比对，形象、高效地把控整个施工进度，保证项目进度工期节点按时完成。

四、应用成果

（一）BIM+VR

本工程设置了 VR 虚拟现实体验馆，结合 BIM 形成“BIM+VR”技术，主要用于以下三个方面：

1. 虚拟体验式安全教育：配合 VR 仿真技术，将施工现场的基础、主体、装饰不同阶段的施工人员代入不同的危险点现场，逼真的事故再现，并结合作业技能培训及安全知识讲解，从意识上和思想上重视安全，降低安全事故的发生率（图 6）。

2. 施工工艺展示：将施工工艺、施工工序通过“BIM+VR”技术逼真地展示出来，达到对工人技术培训、交底的目的。

3. 精装修样板展示：将室内装饰效果逼真地展示出来，达到提前观看室内精装修是否合适、美观的目的。

（二）BIM+ 管理平台

VR 级精细化工程管理云协同平台瑞斯图（Revizto）是让 BIM 可有效落地实施的云平台，云平台可实现轻量化 BIM 模型、降低 BIM 门槛，将 BIM 技术平民化，把工程管理信息化，实现基于 BIM 的项目级大协同。让项目参与各方同时接入统一的可视化 BIM 云平台进行协作，提前发现图纸及工程问题，并及时追踪整改，提高审图质量及工程质量，降低工程成本。

1. BIM+ 管理平台——数据中心

在重大项目中数据资料一般非常庞大，平台推荐从最精简、最直接、最有

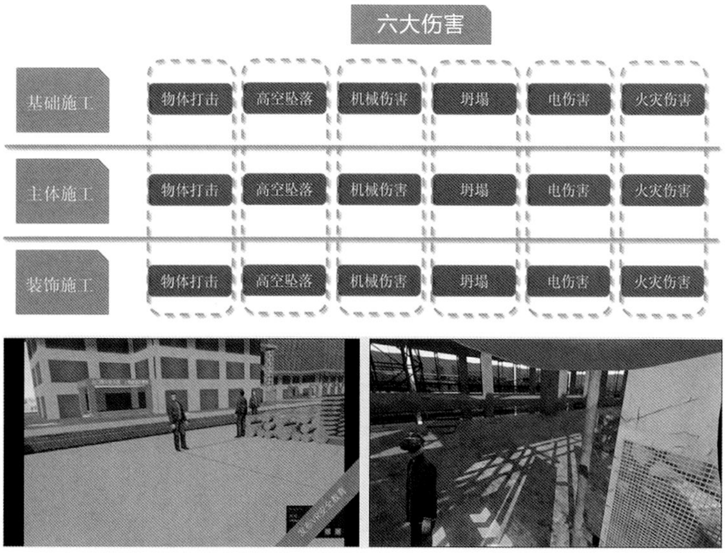

图6　VR安全教育

效的角度展开构建轻度数据中心，最大限度规避类似复杂平台对项目本身工作量造成激增的矛盾，推荐仅把项目核心的设计图纸、BIM 模型及技术成果通过云平台共享给所有参与方，加速项目合作推进质量与效率，同时降低管理协调难度。

2. BIM+ 管理平台——图纸审查

设计院交付施工图后，图纸中往往存在平、立、剖面图不一致问题；机电系统设计深度不足，往往发生碰、错、漏等情况。应首先审查项目所有图纸，检查是否有遗漏。通过 Revizto 模型与图纸联动，检查二维图纸中难以发现的问题，进行机电管线的碰撞检查，将设计错误极大地降低，为施工进度和质量提供保障。同时提出碰撞报告，由设计院提前调整。减少变更，减少因图纸产生的沟通成本（图 7）。

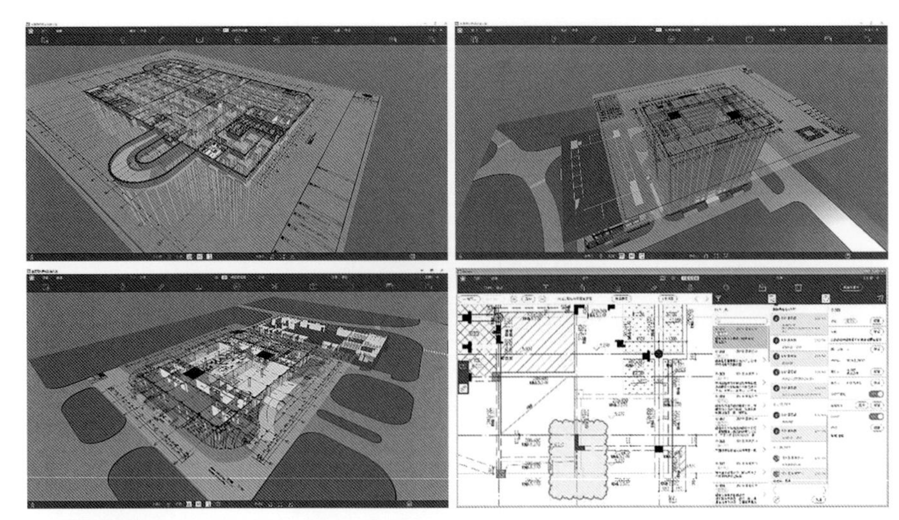
图7　图纸审查

3. BIM+ 管理平台——设计效果

根据平台上整合轻量化的模型，可以随时随地查看最新设计模型效果，通过建立固定控制视点，持续跟踪与评审设计修改的品质管理，确保最终项目与预期相符。平台中整合建筑、结构、机电、特种设备、景观、市政、场地、灯光等专业模型后，可以组织技术力量在各设计与施工阶段通过对综合 BIM 模型进行协同审校，可提前发现一些通常情况下不易被发现的综合性设计问题，及时解决，以免造成质量缺陷。

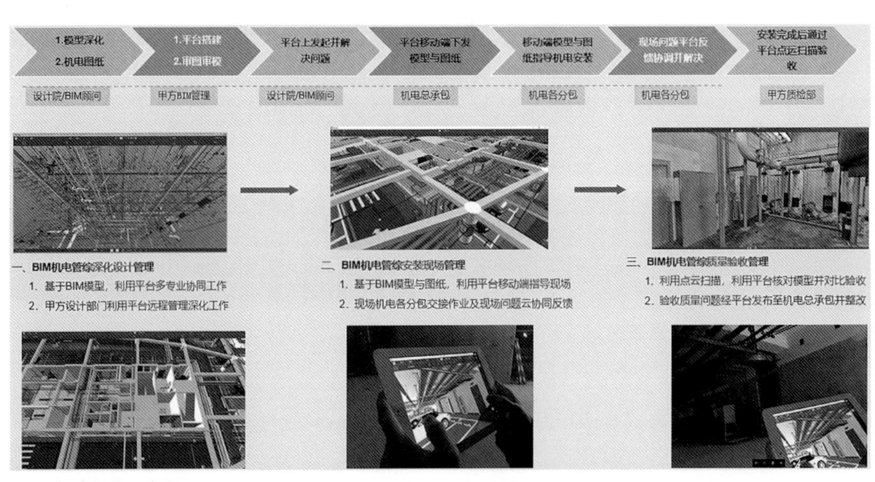

图8　机电深化示意图

4. BIM+ 管理平台——机电深化

根据施工安装规范要求，逐步深化机电安装图纸；通过平台与各参建方技术力量协作、评审机电深化成果，以虚拟建造方式完成深化后再施工；完成后，机电深化模型通过平台分发至现场分包；施工现场通过平台与机电深化团队远程多方协作及时解决现场产生的技术问题（图 8）。

图9　重点安全/质量/进度

5. BIM+ 管理平台——施工管控

平台中通过查阅 2D 图纸、3D 模型、现场拍照，发现施工过程中重要安全、质量、进度问题，提交相关责任单位，限时整改并全程跟踪平台汇报最新进度，在平台永久留档备查，加强与现场管理协作的技术能力（图 9）。

6. BIM+ 管理平台——BIM 交付

（1）发布成独立版 EXE 文件：包含项目全过程运行的图纸、模型及问题

玉溪高铁新城发展大厦项目BIM经济效益分析 **表1**

	应用项	效益分析
技术管理	碰撞检查	通过设计建模，施工模型复核，本项目目前BIM发现碰撞问题3560个，通过统计经济效益12万元
	深化设计	发现各类问题超过1300余处，优化了现场施工深化效率和质量，减少了现场返工可统计时间超过65天，经济成本并入碰撞分析中
	钢结构吊装	利用BIM技术对钢梁钢柱进行可视化吊装，提高吊装效率25%，节约费用25余万元
生产管理	三维交底	完成项目三维交底16次，对于现场施工质量管理和安全管理有较好的促进作用
	动态样板引路	动态样板引路系统，对于质量安全和进度等现场问题有较大的提升
	移动端问题追踪	移动端问题追踪，项目问题可控，改变了传统的现场管理模式，集成了工程管理数据，提高了管理效率
	自动排砖	大幅提升了砌体施工的质量和砌筑速度，减少了现场砌体垃圾排布，创造了经济效益10万元
	BIM辅助总平面管理	通过可视化的总平面管理，减少了现场材料转运次数，提升了施工现场的面貌
	BIM平台项目协同管理	项目协同管理，大幅提升了项目沟通效率，隐性提升了项目的管理能力，提高了企业的监理管理水平
商务管理	BIM算量	减少了商务算量人员，降低了项目材料工程量偏差
	资源协调	方便了现场资源管理调度，使材料运输更合理
	成本管控	综合分析了现场成本变化因素，重点管控对项目成本影响较大的分项
合计		目前可测量的经济效益约为50万元，已测算的时间效益为126天

数据。

（2）发布成国际通用IFC文件：支持国际主流IFC最新交换标准数据格式。

五、BIM应用总结

本项目利用BIM技术发现问题共126条，完成三维交底16次，提高吊装效率25%，节约费用50余万元。通过基于BIM技术应用，提升项目管理水平，优质高效地完成施工任务，借助本项目应用成果，带动公司其他项目推广使用基于BIM应用技术（表1）。

六、公司BIM未来技术规划

（一）提高管理效率

利用了以BIM模型为中心的项目管理平台，各参建方在手机端直接对项目的质量、安全、施工进行管理，对现场问题进行记录、上传、划分责任人、规划完成时间、进行检查闭合，提高参与各方工作效率。以前线下签字流程从监理方到施工方再到甲方需要1~2天时间，采用手机端协同管理后，1h以内便能处理完成现场施工问题。

（二）加强团队建设

通过BIM应用示范项目的推进，玉溪高铁新城发展大厦项目培养了一支优秀的BIM团队，在项目开展BIM工作时，得到了甲方和施工方的重视；同时，公司将组织更多的人来学习BIM。借助本项目应用成果，带动公司其他项目推广使用基于BIM应用技术。

（三）推进智慧工地建设

建设智慧工地在实现绿色建造、引领信息技术应用、提升社会综合竞争力等方面具有重要意义。为了提高施工现场作业的工作效率，增强工程项目的精益化管理水平，提升行业监管和服务能力，企业将加大力度推进智慧工地的建设。

（四）完善公司BIM标准

通过项目对平台的应用不断加深，填补了公司关于平台使用相关的BIM标准，完善了企业级BIM技术应用标准，为后续项目开展提供了参考依据。

七、社会效益

公司先后获得了云南省第一届BIM应用大赛二等奖、2020年荣获“共创杯”智能建造技术创新大赛施工组三等奖、2021年荣获第四届“优路杯”全国BIM技术大赛银奖、2022年荣获第二届中国智能建造及BIM应用大赛“新基建杯”智能建造优秀BIM施工案例赛组三等奖。

“BIM+ 监理”服务应用实践

邹鸿儒
遵义市建工监理有限公司

摘　要：本文基于一个大型酒厂扩建项目监理服务技术，创新性地引入了BIM技术，以“BIM+监理”服务理念，充分整合经验与创新的优势，有效解决了监理过程中的各类难题，加快了工程进度，降低了预算外的成本，为后期运营阶段的维护工作提供有力的数据资料，重点介绍“BIM+监理”技术在服务过程中的应用情况及取得的成效。

关键词：项目监理；BIM；技术创新

引言

《住房城乡建设部关于促进工程监理行业转型升级创新发展的意见》(建市〔2017〕145号)引导、鼓励监理企业加大科技投入，采用先进检测工具和信息化手段，推进BIM建筑信息模型在工程监理服务中的应用，不断提高工程监理信息化水平。公司在贵州董酒新增4万t扩建项目上试行了“BIM+监理”应用。该项目构成较为复杂，专业工程较多，公司承担项目的施工阶段监理服务，项目监理机构发挥传统专业服务的经验优势，同时得到了建设单位及参建各方的一致肯定。

一、项目概况

贵州董酒新增4万t扩建项目位于贵州省遵义市汇川区董公寺街道，本项目总占地面积为54万m^2，建筑面积为86.37万m^2，共分三期建设。其中一期工程总用地面积23.33万m^2，总建设面积39万m^2，容积率1.72，绿地率12%。项目总投资约人民币16.5亿元，总工期约750日历天，计划于2023年12月投产。

二、前期工作

1. 统筹管理：组建公司“BIM+监理”服务管理机构；组织制定企业BIM技术管理制度、企业BIM技术模型标准、BIM技术检查评估标准、BIM技术实施方案、项目BIM技术监理规划、项目BIM技术监理实施细则等文件。

2. 宣传培训：“BIM+监理”技术实践小组组织本项目参建各方，对实施BIM技术相关知识进行3次宣传培训，并由参建各方抽调16人组成“项目BIM技术运用工作小组”。

3. BIM技术交底：通过建设单位组织设计、施工、监理等单位召开了4次会议，对设计注意事项和协调内容进行交底。设计单位在设计任务完成后提交有效的电子版文件，监理BIM技术人员对各单位的图纸进行综合建模。

4. 协同平台：采购了智能、高效、功能强大的BIM协同平台，并将监理BIM技术人员精确设计的模型上传到平台中，让参与项目建设各方协同管理工作更为便捷、有效。在该平台上，各个环节紧密连接，资源共享，信息互通，不仅节约了大量的时间和人力成本，还确保了项目管理的高效运作。

三、BIM在监理过程中的应用

(一)施工准备阶段

施工准备阶段管理目的是通过BIM技术手段，前瞻性地消除二维图纸中的错误，实现施工前整个项目的“预施工”，主要解决建筑、结构和设备管线专业之间的协调配合问题，其中效果最直观的是室内管线、管网中的给水系统、排水系统、供暖系统、通风系统、防排烟系统、空调系统、电气照明系统、电气动力系统、火灾报警系统等一系列专业管线的设计管理。

1. 室内管网综合

室内管网综合主要是针对建筑工程中的所有室内管线，对其进行碰撞检测和优化设计，使其达到提前发现专业图纸之间的“错漏碰缺”，避免返工浪费；保证吊顶标高和装修效果；合理排布专业管线，利于维护检修。室内管网综合对象主要包括地下车库、楼层平面、各类机房管道竖井等管线集中、易产生问题的部位。本项目实施过程中进行碰撞检测和优化设计共 5 次，提出整改问题 528 个。

2. 室外管网综合

室外管网综合主要是统筹安排市政专业各种管线的空间位置和协调管线之间，以及管线与其他工程之间的矛盾，对其进行碰撞检测和优化设计，使其达到发现各专业管线自身存在的问题，并提前加以解决；发现各专业管线之间的矛盾和碰撞，避免返工和浪费；合理安排各专业施工顺序，准确指导施工。室外管网综合对象包括给水、中水、污水、雨水、雨水收集、电信、电力、燃气、热力等专业管线。本项目针对室外管网提出修改问题 312 个。

3. 日照分析

日照分析主要是应用 Revit 软件对建筑群体进行日光分析，以反映日光和阴影对室内外空间的影响。日照分析可以真实模拟并将动态输出为视频文件，有以下四种模式：静态分析、一天内动态分析、多天动态分析和照明分析。

4. 情景模拟

情景模拟是通过软件的渲染，实现对建筑整体效果的检验和对建筑物每个细节的观察，具有真实、直观的效果。情景模拟包括室内情景模拟、疏散应急模拟和室外情景模拟三种类型。

（二）深化设计阶段

在深化设计阶段采用 BIM 技术手段，可以更直观地对专业性强、节点复杂、工艺复杂的专项工程进行三维与传统二维设计相比较，效果更明显、信息更全面、数据更翔实。

1. 钢结构工程

钢结构深化设计放样的工作量巨大，对于复杂的空间曲线和曲面，使用 AutoCAD 难以完成，借助 BIM 软件可以更好地完成任务。Telka Structures 是一款主要面向钢结构，包含建筑设计、分析、出图等功能的钢结构详图软件。这款软件可以应用于任何结构的有限元设计，适用于大多数结构的深化设计，并且具有强大的数据交互功能，大大方便了设计人员的设计及修改工作。在本项目钢结构深化设计中，监理提出原设计需要修改问题 62 条。

2. 复杂幕墙工程

BIM 技术在幕墙细部设计、解决现场施工碰撞方案、施工协调、施工预算等方面的应用优势主要有：可视化及参数化；协调性及构件关联性；进行各种模拟检验；协同作业；结构整合及供需检查。实际操作中，本项目运用 BIM 技术对幕墙细部设计提出原设计修改问题 22 个。

3. 装饰装修工程

BIM 技术在装饰装修工程中的独特造型、复杂饰面、固定装置、面积要求、工艺选择、家居摆设、艺术品陈设等深化设计方面应用的优势有：可视化程度提高；工作模式的改变；设计的选择性更强大；充分利用模型中丰富可靠的信息。在本项目装饰装修工程深化设计中，监理提出了原设计修改问题 18 个。

（三）施工阶段质量控制

监理对项目施工质量控制的主要手段是事前控制、预防为主，要以设计文件、规范、标准等相关信息作为质量控制的依据。通过 BIM 技术应用可以进行三维空间的模拟碰撞检查，不但可在设计阶段彻底消除碰撞，而且能优化净空及各构件之间的矛盾和管线排布方案，减少由各构件及设备管线碰撞等引起的拆装、返工和浪费，避免了采用传统二维设计图进行图纸会审中未发现的人为失误和低效率。

在施工质量安全方面，监理可通过采用施工质量安全监控子系统，结合 BIM 模型、互联网技术、现场视频，实现与协同施工管理平台的集成。通过监测关键施工阶段关键部位的应力、变形，可以提前识别施工现场危险源，防患于未然。在施工阶段质量控制中，监理通过 BIM 模型提出修改问题 86 个。

（四）施工阶段进度控制

通过 BIM 技术在施工前根据模型提前发现图纸中存在问题 36 个，提前避免了现场返工，并根据模型导出构件明细表，使进度计划更加合理。在施工过程中，通过施工模拟提高人员素质和参建各方的沟通效率，保证工程进度的顺利完成。

1. 建模和碰撞检查

根据图纸在 Revit 软件中建立模型，对其进行碰撞检查可以提前发现设计中的问题，例如不同专业之间空间上的碰撞，避免了现场返工，保证了工程进度按计划执行。

2. 工程量统计

Revit 软件中，可以根据 BIM 模型导出每个构件的明细表。有了这些数据，可以根据以往工程的统计数据，得出相对准确的工时需求，使进度计划更加科学合理。

3. 施工模拟

结合施工单位制定的进度计划，采用 Navisworks 进行施工模拟，可以提高施工人员对项目的认知和理解，形象反馈施工进度，使参加各方沟通顺畅，及时调整进度计划，保证工期目标的实现。

（五）施工阶段成本控制

通过 BIM 技术手段，利用其在项目施工成本控制方面的可自动化算量、可制定精确计划、可优化方案、可虚拟施工以及可加快结算等优势，解决项目施工成本控制中轻视事前和事中控制、忽略数据共享和协同工作、缺少精细化管理、成本数据更新不及时以及质量成本和工期成本增加等问题。通过 BIM 技术手段，提前发现 106 个问题，节约工程投资近 500 万元。

（六）施工安全监理

施工安全监理过程中引入 BIM 技术，能够实现建筑模型管理信息的高效共享，协调冲突碰撞，实现施工进度的模拟，实现安全隐患的模拟等。BIM 技术用于建立项目的 3D 和 4D 模型，并以动画方式演示施工计划。使用数字监控技术可以对施工现场进行实时模拟，并监控施工现场的主要危险。结构模型在设计过程中与 4D 模拟施工技术相结合，模拟施工过程中结构模型的结构性能变化，并对建筑模型的结构安全性做出评价。4D 模拟施工技术还能采用相应软件分析模板支撑体系、基坑等的安全性。

在建筑模型中，3D 和 4D 技术用于模拟施工现场并完成施工现场的规划，4D 模拟施工期间环境、人员、材料设备和管理对施工现场安全状况的影响，进而为实际开展安全管理工作提供依据。4D 模拟用于布置施工现场及施工过程，还能够促使施工场地得到合理利用，并减少施工机械之间、施工机械与人员之间的冲突，进而避免安全隐患的产生。

（七）项目信息管理

由于本项目参与单位众多，从项目立项开始，历经规划设计、工程施工、竣工验收到交付使用是一个较长的过程。在这个过程中产生了大量信息，再加上信息传递流程长，传递时间长，由此造成难以避免的部分信息丢失、数据资料混乱，造成工程造价提高的情况。监理可通过 BIM 技术，将建设生命周期中各阶段中的相关信息进行高度集成，保证上一阶段的信息能传递到以后各个阶段，从而使建设各方获取相应的数据。

（八）项目合同管理

关于合同管理方面，从规划、设计到施工，监理通过 BIM 技术的应用，有力保证了工程项目投资质量、进度及相关信息的传递。在施工阶段，建设各方能以此为平台，做到数据共享、工作协同、碰撞检查，在造价管理等方面也不断得到发挥，最大程度地减少合同争议，降低索赔。

（九）参建各方关系协调

在监理工作中，可以通过 BIM 技术将各种信息组织成一个整体，并贯穿于整个建筑生命周期过程中，从而使参建各方及时进行管理，达到协同设计、协同管理、协同交流的目的。BIM 技术还可帮助提高编制文档的多专业协调能力，最大限度地减少错误，能够加强参建各方主体之间的合作，大大减少了整个建设过程中监理的协调量和协调难度。

（十）隐蔽工程管理

当建模和施工完成以后，地下管线、部分设备设施、建筑及电力管线等被地面植被、道路、建筑和乔木等覆盖，很难查看地下部分设施设备。借助 BIM 技术，可任意查看管线，包括管线位置、管线规格、尺寸及附近关系排布，在 3D 模型中这些都是直观可视的，即隐蔽工程可视化。

四、“BIM+ 监理”的成效

1. 该项目属于综合性强、技术构造复杂的工程，涉及复杂的生产工艺及流水线和不同的结构、装饰、动力、供电、供水、燃气、运输等专业设计。各专业设计人员通过建设单位提供的规划信息承担所属范围内的设计任务，这就造成各专业设计单位的工作方式、行业特点不同，对其他单位管线走向、竖向标高等不能充分了解和关注，导致在最终施工图中会出现各种交叉和碰撞。通过 BIM 人员建立的模型进行碰撞监测，检查各设计单位中出现的错漏，提出优化意见，由各设计单位对错漏进行修改。

2. 配合项目部施工管理人员，通过 BIM 信息模型，监控施工现场施工情况。对于现场由于建筑结构等施工误差导致的安装问题，及时与施工、设计人员进行沟通协商，并迅速反映到 BIM 信息模型中进行验证，同时深化设计施工图纸，用于施工现场修改。

3. 对于重难点部位，在 BIM 深化设计的基础上，利用 BIM 三维模型组织召开三维施工协调会，协调各施工单位进行施工工序的合理安排，减少施工中的误差和返工。

4. 配合项目部管理人员，整理一套完整的能反映施工现场实际情况的 BIM 信息模型提交相关单位，用于后期运营维护需要。

5. 基础模型建立完成后，通过碰撞检查分析，发现安装各专业施工空间局促区域，提前发现问题并进行管线综合，减少后期施工带来的返工，缩短工期。通过 BIM 模型三维展示，将施工中的重难点位置进行直观展示，进行三维技术交底，加快施工进度、提高施工质量。

6. 通过 BIM 技术形成的竣工图纸为竣工交付使用以后的运营维护起到极大的辅助作用。帮助其准确识别管线位置，避免盲目开挖维修，这是应用 BIM 技术带来的后期效益。

7. 关于数据提供。运用 BIM 模型中的 4D 关联数据库，能够高效、精确地获取项目过程中基础数据的拆分实体量。在制定采购计划的同时，这种方式不仅可提供及时、准确的数据支持，还能及时、准确地为相关信息提供数据支持，从而为现场管理提供准确、可靠的审核基础。

8. 进度节点控制方面，根据 BIM 技术 4D 关联数据库、合同和图纸等相关要求，设定相应参数以快速、准确获得进度工程量，实现设备、材料提前精准订购，施工进度节点人、材、机的准备，确保了施工工期目标的实现。

结语

公司通过该项目“BIM+ 监理”服务运行和实践，展现出敢于突破、大胆创新精神，诠释了攻坚克难、与时俱进的科学态度。无论是现场监理项目团队，还是每位监理人员的执业水准、工作技能都得到了提升，项目各项建设目标的管控也取得了显著成效。取得一定成绩的同时，也深感“BIM+ 监理”服务的道路还很长远，仍然需要更进一步深入学习与实践。在参建各方的共同努力配合下，齐心协力、精耕细作，方能取得更大的成果。

BIM 技术在工程监理中的应用

孔　懿
宁波国际投资咨询有限公司

摘　要：利用BIM技术辅助进行监理工作，是BIM技术在项目上应用的一个新探索。利用信息化手段对项目进行三维建模，关联各种相关的工程数据，利用BIM可视化和模拟性的优势，辅助施工单位对项目施工的各个阶段进行方案编制，对项目方案进行优化模拟，提高方案可行性，辅助编制符合质量安全、技术经济指标等要求的施工方案，实现降本提效，增强协同管理能力。

关键词：BIM技术；工程监理；实施成效

建筑信息模型（BIM）是以三维数字技术为基础，集成了建筑工程项目各种相关信息的工程数据模型。模型中不仅有三维几何形状信息，还有大量的非几何形状信息，如建筑构件的材料、重量、价格和进度等，并面向建筑全生命周期实现信息共享和传递。有效提高工作效率、节省资源、降低成本，以实现可持续发展。早在2003年我国在建筑方面将新技术的注意力瞄准了BIM技术领域，开始逐步学习国外已有的BIM相关成果，我国进入BIM技术研究的初级阶段。2011年，住房城乡建设部发布《2011—2015年建筑业信息化发展纲要》，第一次正式将BIM纳入信息化标准建设内容，同时也明确指出要推进BIM技术从设计阶段向施工阶段的应用拓展，降低信息传递过程中的流失。该纲要的颁布正式开启了BIM在中国工程行业中应用的大门，各地方政府响应号召也相继颁布了多条政策法规及行业标准。

BIM技术在国内发展至今已20余年，技术越来越成熟，项目应用点越来越广泛，但多应用于设计院及施工单位，作为全过程工程咨询单位，如何利用BIM技术赋能工程监理成为数字化发展的创新方向。

一、实施背景

（一）企业工地现场管理面临的现状

目前市场多数监理企业自身规模小、执业资格人员少、业主和监理地位的不对等问题抑制了行业健康发展。

对于一个企业而言，建筑工程项目施工管理是企业管理中的基础，现场管理水平的高低，直接影响建筑工程施工质量和施工安全，同时也贯穿于整个施工工程。

（二）企业原有业务对BIM技术发展的要求

宁波国投经过30年的发展，拥有理论基础扎实、经验丰富、专业配套的各类工程技术、经济管理专业人员600多名，熟悉现场工作和公司项目管理。公司还建有从国家到地方多学科、高层次的专家库，并与各工程咨询单位、大专院校、专业设计院、科研机构建立了广泛的业务联系渠道和信息传递网络，在数字化建设和BIM技术应用方面，取得了一定的成绩，形成了相对完善的BIM应用实施体系，用以指导项目实施。近年来承担了宁波市多个重点项目的BIM咨询工作，对BIM工作的要求也从碰撞检测等初步应用转变为施工技术支持的BIM深度应用。

（三）数字化改革，顺势而立、应运而生

数字浙江，是全面推进浙江省国民经济和社会信息化、以信息化带动工业化的基础性工程。2003年1月，在浙江省十届人大一次会议上，省委书记以极具前瞻性的战略眼光提出“数字浙江”建设。同年7月，“数字浙江”建设上升为“八八战略”的重要内容。

2020年8月，国务院国资委正式

印发《关于加快推进国有企业数字化转型工作的通知》，系统明确国有企业数字化转型的基础、方向、重点和举措，开启了国有企业数字化转型的新篇章，积极引导国有企业在数字经济时代准确识变、科学应变、主动求变，加快改造提升传统动能、培育发展新动能。

数字化浪潮之下，公司积极响应党和国家各级政府职能部门的号召，落实各项数字化转型发展政策，利用浙江省数字化改革的契机，加快企业转型，推动数字化发展，利用原有BIM业务辅助工程监理工作。

二、实施过程

（一）平台架构

宁波新芝宾馆西侧地块项目作为公司监理及BIM业务项目，作为应用试点采用BIM+智慧工地平台对现场进行数字化管理，采用第三方公司提供的软、硬件，进行项目智慧工地的建设，通过标准接口数据传送的模式，多个供应商的数据统一上传至智慧工地公共平台，经后台处理后，呈现可供分析、决策的大数据。

（二）工地人员管理

工地人员管理通过劳务实名制系统、智能安全帽、人员管控一体机等软硬件设备的数据采集，以及项目管理人员的需要，形成了专属项目的工地人员管理看板，便于管理人员实时查看人员进出场情况。工地人员的工资发放、安全教育、交底培训已形成数字化的记录，在工地人员管理页面即可查看。

1. 劳务实名制系统

项目要求现场人员必须通过劳务实名制道闸进行考勤打卡，并由现场安保人员对出入口进行管理，确保每天考勤数据真实有效，便于项目掌握施工现场人员的实名信息、出入情况、考勤情况等，实时、准确收集人员的信息进行实名制管理，方便项目管理人员对施工人员进行管控，并禁止外来人员随意出入施工现场。

2. 人员管控一体机

项目通过工地人员管控一体机对工地人员及进出访客进行身份信息录入管理，实现了公安流动人口的申报及访客管理，并且工地人员管控一体机可作为实名制系统的补充项，自带三级安全教育模块，工人可通过扫码接受反诈宣传、安全教育培训等，提高工人的安全防护意识。

3. 智能安全帽

项目通过佩戴智能安全帽利用GPS定位系统，实现了施工人员的实时定位，管理人员可以随时查看工人的当天行动轨迹。并设立电子围栏，对佩戴智能安全帽进入危险区域的工人进行报警提示，以全面保证施工作业人员的安全。

（三）材料物资管理

项目应用物料称重智能管理系统，对原有地磅进行配套物联网设备改造，车辆进出场过磅后能够自动计算材料净重量；通过物料收发系统管理现场物料入库、出库等过程，对物料实现精细化管控，并且领料情况能够随时查看。

1. 基于智慧地磅的移动式物料称重管理系统

通过对地磅的设置，实时获取车辆过磅信息，根据实际量自动计算偏差量，并对偏差量异常的车辆进行预警提示。大宗材料的累计使用情况，每辆车实际量、偏差量、进出场时间等都会在材料物资管理页面进行显示，实现物料精细化管控，自动生成满足项目人员需求的报表等材料，节省项目管理人员人力成本、时间成本。

2. 物料收发存系统

项目通过物料收发存系统对现场物料的出入库通过数字化的方式进行管控，系统自动生成项目所需的报表，节约人力成本，并且物料库存、领料情况能够随时查看，真正实现物料的精细化管理。

（四）机械设备管理

项目通过塔吊吊钩可视化及塔机安全监测系统的安装，实现项目现场所有机械设备状态数据实时获取并进行分析作可视化展示。项目管理人员不仅可以远程查看吊钩可视化视频，还能查看每台塔机的运行状态，并通过塔吊次数和塔机工作时长确定塔机司机工作是否饱和，项目更采用了数字化方式对塔机进行日常检查，以减少项目现场安全事故的发生率。

1. 塔机安全监测系统

项目现场每台塔机都安装了塔机安全监测系统，能够及时了解每台塔机的实时状态，包括高度、角度、幅度等信息，实现了针对塔机运行安全的实时动态监控，完整提供从单台塔机运行到多台塔机干涉作业的安全监控管理与报警功能，提高施工现场的安全性。

2. 塔吊吊钩可视化系统

塔机安装了塔吊吊钩可视化系统，实现塔吊司机全天候通过驾驶室吊钩可视化主机屏幕实时查看吊钩运行情况，解决了施工现场塔吊司机视觉死角、远距离视觉模糊、语音引导易出差错等难题，从而减少安全事故的发生，并降低人力成本。

（五）施工场地管理

项目通过视频监控、扬尘监测等设备的安装，实时了解项目现场概况，便于项目人员及时处理。

1. 视频监控

项目在视频监控安装初期就安装位置进行商讨，并确定安装方案。对施工区、生活区、材料区进行实时监控，满足了施工现场的治安管理需求，便于管理人员远程查看监控数据，并对突发事件通过视频回放追溯。

2. 扬尘监测

项目通过应用扬尘监测对施工现场的TSP、风向、温度、湿度等进行监测，便于远程实时监管现场环境数据并能及时做出决策。

（六）智慧项目管理

项目主要应用了现场检查类模块，对项目质量、安全进行巡检，其中根据项目自身需求，个性化配置具有项目特色的安保巡更小程序应用，并且工地现场的应急物资都采用了智慧化的方式管理，与工地相关的设计文件等资料都上传至系统中，便于随时随地查看。为了宣传党建文化，项目应用了党建大事记，记录与党建相关的活动信息。

1. BIM应用轻量化模型管理系统

项目通过BIM应用轻量化模型管理系统将BIM模型进行轻量化，不仅可以在WEB端查看轻量化的BIM模型，手机端也可以随时查看，便于管理人员随时查看并进行相应操作，解决了之前BIM应用中易卡顿、难操作等问题。

2. 安保巡更

项目根据自身需求，配置了安保巡更模块，根据安保人员巡查定点进行配置，确保安保人员在工作时间内规范巡护周边环境，不仅对安保人员的巡更工作进行记录，更完善了现场的安全防范措施。

3. 质量巡查整改

项目中出现的质量问题通过质量巡查整改进行记录处理，整改人整改完成后可以选择人员进行复查，操作简单方便，便于管理人员管理项目质量问题并及时安排人员处理。

4. 安全隐患排查

项目通过安全隐患排查将巡查过程中施工现场发现的安全问题进行记录，并安排人员进行整改，整改完成后形成闭环，便于项目出现安全问题时能够及时进行处理。

5. 党建大事记

项目应用的党建大事记为项目宣扬党建文化起到了良好的作用。

6. 项目VR全景展示

项目每周通过无人机航拍飞行，拍摄项目全景并进行展示、记录，便于项目上级管理人员及时了解项目的实施进展情况并形成专属项目的形象进度图。

三、实施成效

（一）提高项目质量，提升管理水平

该项目从施工准备阶段介入BIM技术，促进多专业协同管理，实现设计、施工管理的信息化、网络化和智能化。在原有基础上，利用BIM技术审查技术图纸、施工方案，解决了设计图纸变动导致的施工方案变化、施工复杂部位反复验算修改等问题，审查了建筑模型50余份，提出主要问题170余项，参与了施工单位11个重点施工方案的编制环节，完成了85份设计变更的模型维护，为施工提供符合质量安全、技术经济指标等要求的施工方案30余份，经测算减少工期40余天。

通过各参建单位的努力与合作，BIM+智慧工地创新成果受到市区多次通报表扬，项目部作为2022年宁波市海曙区安全生产标准化施工案例接受区领导和外部单位的监督检查。同时，获得了2021年度浙江省智慧工地示范项目、2022年度宁波建设杯优秀质量管理小组成果一等奖、浙江省工程建设优秀质量管理小组等荣誉。

（二）落实建筑业10项新技术应用

本项目目标是建成一个优质高效的精品工程，在保证质量目标的基础上，争创浙江建设优质工程“钱江杯”和国家建设优质工程“鲁班奖”，严格遵照浙江省、宁波市有关文明施工管理的规定，力创省级“安全文明施工标准化工地”及“绿色施工示范工地”，与周边街道、单位及居民共创“和谐工程”。

2018年印发的《住房和城乡建设部工程质量安全监管司2018年工作要点》的通知，其中明确指出，继续开展建筑业10项新技术的宣传推广，加强建筑业应用技术研究，推动建筑业技术进步。其中第十点为基于BIM的现场施工管理信息技术，项目部在保证施工质量安全的基础上，积极响应号召，利用BIM等信息化技术辅助进行施工方案编制、施工工艺模拟、工程量统计、智慧工地建设等应用，提高施工质量安全和工作效率，加强建筑业应用技术研究，推动建筑业技术进步的要求，发挥企业优势。

（三）促进行业技术革新，争取实现“双碳”目标

在全国数字化建设与改革的浪潮中，国家对建筑业有了更高的要求，同时，建筑业也有了更大的发展前景，监理单位同样要迈出新时代数字化建设高质量发展的坚实步伐。如何在实际项目中更好地发挥BIM、物联网、大数据等新技术提高工作效率，仍然是未来的发展方向。本次BIM+智慧工地应用也是突破传统工作模式的一个尝试，在提升自身技术水平的同时，更有效地服务于当地的建筑企业。

为了落实国家提出的可持续发展道路，实现碳达峰、碳中和的重要目标，通过资源整合同设计、生产、施工形成一体化全产业链的工作模式，BIM技术成了串联这些环节的有效手段，助力绿色建筑、绿色建造，提高建筑物的综合能效水平，实现更节能、更低碳的目标，与建设单位、设计单位共同促进区域建筑业信息化、低碳化的转型升级，进行行业技术的革新，实现“绿色、智能、精益和集约”的精细化管理，促进智慧城市建设。

北京市建设监理协会
会长：张铁明
中国铁道工程建设协会
理事长：王同军
中国铁道工程建设协会建设监理专业委员会
会长：陈璞
机械监理
中国建设监理协会机械分会
会长：黄强
京兴国际 JINGXING
京兴国际工程管理有限公司
董事长兼总经理：李强
北京兴电国际工程管理有限公司
董事长兼总经理：张铁明
北京五环国际工程管理有限公司
总经理：汪成
中国电建 POWERCHINA 咨询北京有限公司
中国水利水电建设工程咨询北京有限公司
总经理：孙晓博
鑫诚建设监理咨询有限公司
董事长：严弟勇 总经理：张国明
CEEDI
北京希达工程管理咨询有限公司
董事长兼总经理：黄强
CSIC
中船重工海鑫工程管理（北京）有限公司
总经理：姜艳秋
DBCM
中咨工程管理咨询有限公司
总经理：鲁静
中国五矿 MCC 中冶京诚
北京赛瑞斯国际工程咨询有限公司
北京赛瑞斯国际工程咨询有限公司
总经理：曹雪松
天津市建设监理协会
理事长：吴树勇
河北省建筑市场发展研究会
会长：倪文国
监理
山西省建设监理协会
会长：苏锁成
NAECTB
宁波市建设监理与招投标咨询行业协会
会长：邵昌成
浙江华东工程咨询有限公司
党委书记、董事长：李海林
公诚管理咨询有限公司
公诚管理咨询有限公司
党委书记、总经理：陈伟峰
PUHCA 帕克国际
北京帕克国际工程咨询股份有限公司
董事长：胡海林
福建省工程监理与项目管理协会
会长：林俊敏
广西大通建设监理咨询管理有限公司
董事长：莫细喜 总经理：甘耀域
同炎数智 INTELLIGENTTY
同炎数智（重庆）科技有限公司
董事长：汪洋
正元监理
晋中市正元建设监理有限公司
执行董事：赵陆军
SCSCA
山东省建设监理与咨询协会
理事长：徐友全
FZECSA
福州市全过程工程咨询与监理行业协会
理事长：饶舜
吉林梦溪工程管理有限公司
执行董事、党委书记、总经理：曹东君
DBCM
大保建设管理有限公司
董事长：张建东 总经理：肖健
上海振华工程咨询有限公司
Shanghai Zhenhua Engineering Consulting Co., Ltd.
上海振华工程咨询有限公司
总经理：梁耀嘉
星宇咨询 XINGYU CONSULTING
武汉星宇建设咨询有限公司
董事长兼总经理：史铁平
胜利监理
山东胜利建设监理股份有限公司
董事长兼总经理：艾万发
江苏建科建设监理有限公司
董事长：陈贵 总经理：吕所章
LCPM
连云港市建设监理有限公司
董事长兼总经理：谢永庆
山西卓越 SHANXI ZHUOYUE
山西卓越建设工程管理有限公司
总经理：张广斌
陕西华茂建设监理咨询有限公司
董事长：阎平
安徽省建设监理协会
会长：苗一平
合肥工大建设监理有限责任公司
总经理：张勇
江南管理
浙江江南工程管理股份有限公司
董事长兼总经理：李建军
苏州市建设监理协会
会长：蔡东星 秘书长：翟东升
浙江嘉宇工程管理有限公司
ZHEJIANG JIAYU PROJECT MANAGEMENT CO.,LTD
浙江嘉宇工程管理有限公司
董事长：张建 总经理：卢甬
QSH
浙江求是工程咨询监理有限公司
董事长：晏海军
驿涛
ytxm.com
驿涛工程集团有限公司
董事长：叶华阳
河南省建设监理协会
河南省建设监理协会
会长：孙惠民
国机中兴 SZXEC
国机中兴工程咨询有限公司
执行董事：李振文
KUNLUN 昆仑监理
新疆昆仑工程咨询管理集团有限公司
总经理：曹志勇
河南清鸿
清鸿工程咨询有限公司
董事长：徐育新 总经理：牛军
建基咨询
CCPM
CCPM ENGINEERING CONSULTING since 1998
建基工程咨询有限公司
总裁：黄春晓
光大管理
河南省光大建设管理有限公司
董事长：郭芳州
方大咨询 FANGDA CONSULTING
方大国际工程咨询股份有限公司
董事长：李宗峰
长城咨询
河南长城铁路工程建设咨询有限公司
董事长：朱泽州
BECC
北京北咨工程管理有限公司
总经理：朱迎春
兴平管理
河南兴平工程管理有限公司
董事长兼总经理：艾护民
湖北省建设监理协会
湖北省建设监理协会
会长：陈晓波

武汉华胜工程建设科技有限公司
董事长：汪成庆
湖南省建设监理协会
常务副会长兼秘书长：田英
华春
华春建设工程项目管理有限责任公司
董事长：王莉
长顺管理
Changshun PM
湖南长顺项目管理有限公司
董事长：黄劲松　总经理：黄勇
广东省建设监理协会
会长：史俊沛
DPM
广东监理
广东工程建设监理有限公司
总经理：毕德峰
中国节能
西安四方建设监理有限责任公司
董事长：杜鹏宇　总经理：周建新
重庆市建设监理协会
会长：冉鹏
CISDI 重庆赛迪工程咨询有限公司
Chongqing CISDI Engineering Consulting Co., Ltd.
重庆赛迪工程咨询有限公司
董事长兼总经理：冉鹏
重庆联盛建设项目管理有限公司
总经理：雷冬菁
TONGLI
同力项目管理
山东同力建设项目管理有限公司
党委书记、董事长：许继文
渝正信
重庆正信建设监理有限公司
董事长：程辉汉
重大林鸥
LINOU
重庆林鸥监理咨询有限公司
总经理：肖波
二滩国际
Ertan International
四川二滩国际工程咨询有限责任公司
董事长：李卫国
中国华西工程设计建设有限公司
CHINA HUAXI ENGINEERING DESIGN & CONSTRUCTION CO., LTD
中国华西工程设计建设有限公司
董事长：周华
云南省建设监理协会
云南省建设监理协会
会长：杨丽
云南国开建设监理咨询有限公司
董事长兼总经理：黄平
GZJLXH
贵州省建设监理协会
会长：张雷雄
贵州建工监理咨询有限公司
Guizhou Construction Supervision&Consulting Co., Ltd
贵州建工监理咨询有限公司
董事长：张勤　总经理：涂捷
SANWEI
三维建设工程咨询有限公司
董事长：付涛　总经理：王伟星
矩一建管
西安高新矩一建设管理股份有限责任公司
董事长兼总经理：范中东
中国铁建　西安铁一院工程咨询管理有限公司
XI'AN ENGINEERING CONSULTING & MANAGEMENT CO., LTD.FSDI.
西安铁一院工程咨询监理有限责任公司
总经理：张德凌
PM
普迈项目管理集团有限公司
董事长：李三虎　总经理：景亚杰
YMCC
城建咨询
云南城市建设工程咨询有限公司
董事长：杨家骏
HBZYCS
河北中原工程项目管理有限公司
董事长：王亚东
青岛东方监理有限公司
董事长：胡民　总经理：刘永峰
康立
KANL
康立时代建设集团有限公司
董事长：蒋增伙　总经理：鲜涛
山西辰丰达工程咨询有限公司
总经理：孙爱峰
九江市建设监理有限公司
董事长：郭冬生
KUNLUN
ECG昆仑咨询
新疆昆仑工程咨询管理集团有限公司
党委书记、董事长：苏霁
山西省建设监理有限公司
董事长：张建安　总经理：赵帅
山西协诚
山西协诚建设工程项目管理有限公司
执行董事兼总经理：冯长青
山西省煤炭建设监理有限公司
执行董事：崔科斌
山西交控
山西交通建设监理咨询集团有限公司
山西交通建设监理咨询集团有限公司
党委书记、董事长：何晓明
神剑
SHENJIAN
山西神剑建设监理有限公司
董事长：林群　总经理：沈桂权
山西华厦建设工程咨询有限公司
董事长：史毅清
山西新星勘测设计集团有限公司
董事长兼总经理：张廷宝
太原理工大学建筑设计研究院有限公司
党总支书记、董事长、总经理：赵志刚
中国华电集团有限公司
CHINA HUADIAN CORPORATION LTD.
华电和祥工程咨询有限公司
HUADIAN HEXIANG ENGINEERING CONSULTING CO., LTD.
华电和祥工程咨询有限公司
党委书记、董事长：王贵展
万家寨水控　水电监理公司
山西省水利水电工程建设监理有限公司
党委书记、董事长：张波
长春建业集团股份有限公司
董事长：姜凤霞
SCCA
上海市建设工程咨询行业协会
会长：夏冰
HASIN
华兴咨询
重庆华兴工程咨询有限公司
董事长兼总经理：胡明健
SCA
四川省建设工程质量安全与监理协会
秘书长：付静
ZECSMA
浙江省全过程工程咨询与监理管理协会
常务副会长兼秘书长：吕艳斌
广西监理
广西建设监理协会
会长：陈群毓
江西同济建设项目管理股份有限公司
总经理：何祥国
呼和浩特建设监理咨询有限责任公司
董事长：张改莲　总经理：张晔
丰润企业
FENGRUN ENTERPRISE
安徽丰润项目管理集团有限公司
总经理：舒玉
顺政通
SHUNZHENGTONG
北京顺政通工程监理有限公司
经理：李海春
江苏赛华建设监理有限公司
董事长：王成武
CMCC
长春市政建设咨询有限公司
董事长：李慧

江苏金湖体育中心项目（项目管理 + 监理）

中共呼和浩特市委员会党校新校区项目（项目管理 + 监理）

丝路花街项目（技术咨询 + 监理 +BIM）

宜都市市民活动中心（监理）

全球研发中心项目（监理）

贵州茅台酒股份有限公司 3 万 t 酱香系列酒技改工程（监理）

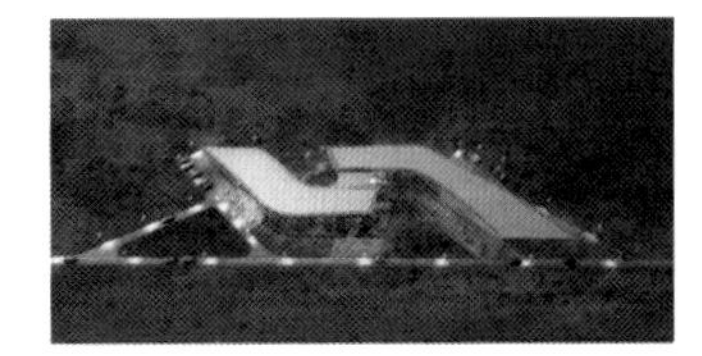

世行贷款甘肃丝绸之路经济带文化传承创新项目（监理）

《全过程工程咨询服务实务要览》（2021 年出版）

被中国建筑工业出版社誉为“全过程工程咨询的实务宝典”，并已成为咨询行业“工具书”，助力更多工程咨询企业完成转型发展

《全过程工程咨询服务》（2022 年出版）

此书是重庆联盛受中国建设监理协会指派主编的监理人员学习丛书，由中国建筑工业出版社出版发行

重庆联盛建设项目管理有限公司

重庆联盛建设项目管理有限公司，原为重庆长安建设监理公司，成立于 1994 年 7 月，2003 年 5 月改制更名，2016 年与法国必维国际检验集团合资。公司于 2008 年取得工程监理综合资质，同时还具有工程建设技术咨询众多资质。可为社会提供全过程工程咨询、建设工程监理、设备监理、信息系统工程监理、投资咨询、工程造价咨询、招标代理等服务。

截至目前，公司已在全国 20 多个省市设立分支机构，业务遍布祖国大江南北。同时，公司培养造就了一支具有较高理论水平及丰富实践经验的优秀的员工队伍，拥有完善的信息管理系统和软件，装备有精良的检测设备和测量仪器。具有熟练运用国际项目管理工具与方法的能力，可以为业主提供全过程、全方位、系统化的项目综合管理服务。公司秉承“以人为本、规范管理、提升水平、打造品牌”的管理理念，通过系统化、程序化、规范化的管理，实现了市场占有率、社会信誉以及综合实力的快速提升，30 年来公司得以稳步发展。

公司连续多年荣获国家及重庆市监理、招标代理及工程造价先进企业，共创鲁班奖先进企业，抗震救灾先进企业，获得国家级守合同重信用企业等殊荣。2012 年及 2014 年连续两届同时获得了“全国先进监理企业”“全国工程造价咨询行业先进单位会员”和“全国招标代理机构诚信创优 5A 等级”；2014 年 8 月，公司获得住房城乡建设部颁发的“全国工程质量管理优秀企业”称号，全国仅 5 家监理企业获此殊荣；2021 年获得重庆市人力资源和社会保障局、重庆市城乡建设委员会颁发的“重庆市城乡建设系统先进单位”。

公司监理或实施项目管理的项目荣获“中国建筑工程鲁班奖”“中国土木工程詹天佑奖”“中国钢结构金奖”“国家优质工程奖”“中国安装工程优质奖”“全国市政金杯示范工程奖”等国家及省市级奖项累计达 600 余项。2021 年由公司提供服务的 5 个项目同时获得“国家优质工程奖”。2018 年由公司提供项目管理咨询服务的内蒙古少数民族群众文化体育运动中心项目，荣获 IPMA2018 国际项目管理卓越奖（大型项目）金奖，成为荣膺国际卓越项目管理大奖的全球唯一的项目管理咨询企业，公司也因此获得了重庆市住房和城乡建设委员会的通报表彰。

面对建筑业的改革与发展，公司将以饱满的激情和昂扬的斗志迎接挑战，凝心聚力、创新发展，提升品牌、再铸辉煌，为国家建设和行业发展作出积极的贡献！

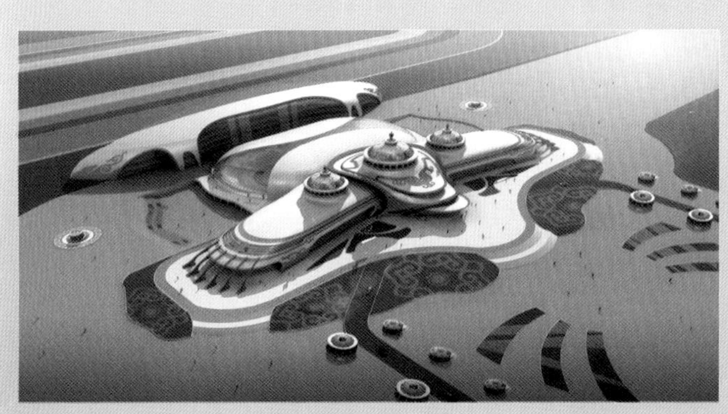

内蒙古少数民族群众文化体育运动中心项目为内蒙古自治区 70 周年大庆主会场，于 2018 年荣获国际项目管理卓越大奖金奖（项目管理 + 监理 + 招标 + 造价一体化 + BIM 技术）

电　话：023-61896650
　　　　023-61896626
地　址：重庆市两江新区云柏路 2 号

（本页信息由重庆联盛建设项目管理有限公司提供）

西安四方建设监理有限责任公司

西安四方建设监理有限责任公司成立于1996年，是中国启源工程设计研究院有限公司（原机械工业部第七设计研究院）的控股公司，隶属于中国节能环保集团有限公司。现拥有工程监理行业综合资质、信息系统工程监理资质、商务部“对外援助成套项目管理、检查验收企业”双资格，是陕西省第一批全过程工程咨询试点企业，受邀参与中国工程建设标准化协会《建设项目全过程工程咨询标准》的编制。

公司拥有各类工程技术管理人员500余名，国家各类职业资格注册人员300余人次、国家注册监理工程师200余人次，中高级专业技术职称人员占比60%以上。

公司业务涉及工程监理、项目管理、全过程工程咨询、EPC总承包、造价咨询等多板块。累计参与项目建设2000余项，专业涵盖房屋建筑、市政公用、电力工程、机电安装、化工石油、生态节能等。荣获“鲁班奖”“国家优质工程奖”“中国钢结构金奖”“中国市政工程最高质量水平评价奖”“中国安装工程优质奖”“太阳杯”“泰山杯”“安济杯”“长安杯”“雁塔杯”等奖项100余项，在业内拥有良好口碑，连续数十年被评为中国机械工业、陕西省、西安市“先进监理企业”。

公司深入推进数字化转型升级，通过业务数字化、数据资产化，重构企业生产模式，实现数据资产的业务价值、经济价值和社会价值。打造出集移动办公、项目管理、视频巡检、专家在线等功能为一体的数字化管理平台，覆盖监理咨询服务全过程，实现了业务管理标准化、项目信息在线化、业务流程数字化、服务价值可视化，提高了建筑产业链数字化水平，并率先在监理行业取得了“工业化＋信息化”两化融合“AA”级认证。

在国家“一带一路”倡议引领下，公司积极拓展海外市场，成功与20余个国家及地区达成合作。在海外项目管理实践中，不断创新体制、机制和模式，摸索出一套适合海外项目管理的新模式，为公司海外市场的持续开拓，提供有力支持。

四方监理始终遵循“以人为本、诚信服务、客户满意”的服务宗旨，竭诚为客户提供“省钱、省时、省心、省力”的管家式服务，全力打造国内一流的工程咨询公司。

电　　话：029-62393839　62393835
邮　　编：710018
地　　址：陕西省西安市经济技术开发区凤城十二路108号
业务洽谈：孙先生　18681876372
人才招聘：杜女士　15991625715

（本页信息由西安四方建设监理有限责任公司提供）

中节能国祯总部研发基地暨污水处理与资源化利用国家工程技术研究中心项目

中节能（临沂）环保能源有限公司生活垃圾、污泥焚烧综合提升改扩建项目

宝鸡市口腔医院（宝鸡市第六人民医院）高新院区项目

援汤加王陵外围区域改造项目

济南西门子变压器项目

西安光子传感园项目

铜川新龙城项目

隆基绿能年产50GW单晶硅片产业园项目

靖边县芦河水环境综合治理工程PPP项目

龙华设计产业园深城交总部办公楼装修项目

现代牧业集团2024—2025年度工程监理服务项目